インプレス R&D [NextPublishing]

New Thinking and New Ways
E-Book / Print Book

Unity 2019 日本語版

C# プログラミング入門

多田 憲孝 著

ゲームプログラミングに挑戦しよう!

はじめに

　Unityは容易に本格的な3DCG（3次元コンピューターグラフィックス）の世界を操作できるゲーム開発環境です。プログラミング初心者でもオブジェクト指向型言語C#を使いゲーム開発ができます。従前のC#の学習では、文字列を表示させたり、簡単な計算を行うプログラム例から始まることが一般的で、プログラミングの楽しさを感じるにはやや難しい環境でした。しかし、Unity環境なら簡単なプログラムで、例えば飛行機を空に飛ばすことができます。この環境により、プログラミング学習のモチベーションを高いレベルで維持することができ、楽しく飽きずに学習を続けていけると筆者は実感しています。

　本書は日本語版に対応したUnityのC#スクリプト（プログラム）のテキストブックです。ゲームのキャラクターなどをゲームオブジェクトといいます。本書ではゲームオブジェクトの移動・回転などの操作、爆発などの効果、落下や投げ飛ばすなどの物理的な運動など、ゲームに必要な実践的なプログラミング演習を用意しました。また、類書に比べC#の文法解説にページを割き解説しました。

　本書はC#文法編（第1～6章）とUnityC#スクリプト演習編（第7～13章）の2つに分けて記述されています。しかし、学習時においてはC#文法編で少し文法の知識を得たら、すぐにUnityC#スクリプト演習編でゲームオブジェクトを動かしてみるというように、双方を行き交いながら一体化して進めていきます。一方で、文法と演習を分けて記述することにより、C#文法編では文法を体系的に整理して学ぶことができます。また、UnityC#スクリプト演習編はオリジナルなゲームプログラムを作成する際にC#スクリプトリファレンス（参考書）として役立つと考えています。

　本書がUnity及びC#を初めて学ぶ方にとって、しっかりとした文法知識を理解し、楽しくゲーム開発ができるプログラミング技術を習得する一助になれば幸いです。

　本書発行にあたり、株式会社インプレスR&Dの編集諸氏にはたいへんお世話になりました。また、大阪国際大学 多田研究室の2018年度学生たちとの卒業研究指導におけるやり取りは本書執筆のきっかけになりました。本書に関わった皆様に心より感謝いたします。

2019年6月

多田 憲孝

本書の利用に際し

【1】本書では、次のソフトウェアの無料版を使用しています。ソフトウェアの動作環境は括弧内に示すサイトで確認してください。本書のサンプルプログラム（スクリプト）はこの環境下で動作確認されています。

・Unity Version 2019.1.7f1 Personal（https://unity3d.com/jp/unity/system-requirements）
・Microsoft Visual Studio Community 2017 Version 15.9.13, Microsoft.NET Framework Version 4.7.03056
（https://docs.microsoft.com/ja-jp/visualstudio/releases/2019/system-requirements）

【2】解説内容はUnityの3Dゲーム環境を対象とします。2Dの解説は割愛します。

【3】本書では、Windows 10の環境下でのソフトウェア操作を扱います。Mac OSその他のOS環境下に関する解説は割愛します。

【4】本書は大きく分けて第1～6章の「C#文法編」と、第7～13章の「Unity C#スクリプト演習編」の2つから構成されています。

【5】表記について
（ア）原則として「平成3年6月28日 内閣告示第二号『外来語の表記』」ならびに「外来語（カタカナ）表記ガイドライン　第3版」（一般財団法人テクニカルコミュニケーター協会、2015）に従い、外来語（カタカナ）を表記します。
（イ）文中において、C#文法編は「C#編」、UnityC#スクリプト演習編は「Unity編」と略して表記することがあります。
（ウ）命令文などの書式において、[ ]で囲まれた部分は省略が可能であることを示します。ただし、配列に関する説明箇所を除きます。　例：　型名　変数名 [= 初期値];
（エ）キーボードのキー表記はキートップの文字に囲み線をつけて表記します。また、キーを同時に押す場合は2つ以上のキーを＋記号を使って表記します。
例：[A]　[スペース]　[Tab]　[Shift]＋[A]（ShiftキーとAキーを同時に押す）
（オ）ソフトウェアの操作ボタンの指示や値の設定などは、次のように表記します。
例）《VS2017》→【メニューバー】→[ファイル]→[終了]
①手順：「→」にて操作手順を示しています。
②2つのソフトウェアの操作指示：Unityによる操作には《Unityエディター》、Visual Studio 2017による操作には《VS2017》と表記します。ただし、双方の操作が混在しない状況下ではこれらの表記を省略します。
③メニューバーや主たる操作画面：【 】で囲み表記します。　例：【メニューバー】
④メニューバーや操作画面のクリックすべき項目名、タブ名、ボタン名：[ ]で囲み表記します。例：[保存]
⑤コンボボックス、リストボックス、テキストボックスへの入力値の指示：[欄名]=入力値 の形式で表記します。　例： [ファイル名]=BaseScene
⑥チェックボックスの設定：[チェックボックス名]=オン（またはオフ）の形式で表記します。
（カ）説明図の中にある①、②などは操作手順を表します。
（キ）当該事項に参考となる解説部分：★印をつけて参考となる解説箇所の章節項を示します。
例：★1.2.5（第1章2節5項の意味）
（ク）プログラムの字下げ：紙面の都合により字下げを2文字分としている箇所があります。Visual Studioでのプログラム作成においてはデフォルトの4文字のままでかまいません。
（ケ）プログラムの1行が長く紙面に収まらない場合は、改行して先頭に「>>>」をつけて表記します。しかし、実際にプログラムを入力する際には、「>>>」を入力せず改行しないで1行で記

述してください。

●プログラムの例：
```
rdr.material.color
        >>> = new Color(0.0f, 0.0f, 0.0f, 0.0f);
```

【6】本書の演習用のファイルは、次のサイトでダウンロードすることができます。
　　　https://wonderprocessor.com/publication/

【7】本書に記載されている内容は学習ならびに情報提供を目的としています。よって、サンプルプログラムなどの本書の内容を運用した結果については、著者及び出版元はいかなる責任も負いません。

【8】本書の文中のシステム名、製品名、会社名は該当する各社の登録商標または商標です。なお、本文中には登録商標などのマークは省略しています。

目次

はじめに ……………………………………………………………………………… 2
   本書の利用に際し ………………………………………………………………… 2

第1章　プログラミングの準備 …………………………………………………… 11
1.1　Unityのインストール ……………………………………………………… 12
   1.1.1　インストール ………………………………………………………… 12
   1.1.2　Unityエディターの設定 …………………………………………… 19
1.2　Unityエディターの基本操作 ……………………………………………… 26
   1.2.1　Unityエディターの画面構成 ……………………………………… 26
   1.2.2　各ウインドウの操作 ………………………………………………… 27
1.3　Visual Studioの基本操作 ………………………………………………… 33
   1.3.1　Visual Studioの画面構成 ………………………………………… 33
   1.3.2　入力支援機能（インテリセンス）………………………………… 36
   1.3.3　エラーと警告 ………………………………………………………… 38

第2章　UnityにおけるC#スクリプトの仕組み ………………………………… 41
2.1　C#の文の書き方 …………………………………………………………… 42
2.2　UnityのC#スクリプトの基本的な構成 ………………………………… 44
2.3　特別なメソッドStartとUpdate ………………………………………… 45
2.4　ゲームオブジェクトとスクリプトとの関わり（アタッチと実行）……… 46
   2.4.1　スクリプトの組み込み（アタッチ）……………………………… 46
   2.4.2　スクリプトの実行 …………………………………………………… 47

第3章　データの型と変数 ………………………………………………………… 49
3.1　データの型 …………………………………………………………………… 50
3.2　リテラル ……………………………………………………………………… 52
   3.2.1　リテラルの種類と型 ………………………………………………… 52
   3.2.2　サフィックス ………………………………………………………… 52
   3.2.3　指数表現 ……………………………………………………………… 53
3.3　変数 …………………………………………………………………………… 54
   3.3.1　変数の宣言 …………………………………………………………… 54
   3.3.2　変数の上書き及び暗黙的な型変換 ………………………………… 55
   3.3.3　明示的な型変換（キャスト）……………………………………… 56
   3.3.4　変数の型指定の意義 ………………………………………………… 57
   3.3.5　変数のスコープ ……………………………………………………… 57
   3.3.6　名前付けのガイドライン …………………………………………… 59
3.4　文字列補間 …………………………………………………………………… 62
問題の解答 ………………………………………………………………………… 64

第4章　計算　　67

- 4.1　算術演算子　　68
  - 4.1.1　基本的な算術演算子　　68
  - 4.1.2　インクリメント演算子・デクリメント演算子　　71
  - 4.1.3　複合代入演算子　　72
- 4.2　マジックナンバーの回避　　74
  - 4.2.1　マジックナンバー　　74
  - 4.2.2　定数　　74
  - 4.2.3　列挙型　　75
- 4.3　数学関数　　77
- 4.4　乱数　　78

第5章　制御文　　79

- 5.1　選択文　　80
  - 5.1.1　if文　　80
  - 5.1.2　switch文　　89
  - 5.1.3　条件演算子　　90
- 5.2　繰り返し文　　92
  - 5.2.1　for文　　92
  - 5.2.2　配列の利用　　95
  - 5.2.3　foreach文　　97
  - 5.2.4　while文　　98
- 5.3　ジャンプ文　　100
  - 5.3.1　break文とcontinue文　　100
  - 5.3.2　return文　　101
  - 5.3.3　ガード節　　102

問題の解答　　104

第6章　オブジェクト指向の基礎　　107

- 6.1　名前空間　　108
- 6.2　クラス　　110
- 6.3　フィールド　　113
- 6.4　メソッド　　115
  - 6.4.1　メソッドのデータと処理の流れ　　115
  - 6.4.2　メソッドの定義　　116
  - 6.4.3　メソッドのオーバーロード　　119
  - 6.4.4　値渡しと参照渡し　　120
- 6.5　プロパティ　　122
- 6.6　コンストラクター　　125
- 6.7　インスタンス　　126
- 6.8　値型と参照型　　128
- 6.9　Unityのゲームオブジェクトとスクリプトのクラスとの関係　　129
- 6.10　構造体　　131

- 6.11　メンバーの呼び出し ……………………………………………………………… 132
- 6.12　クラスメンバー …………………………………………………………………… 134
  - 6.12.1　クラスメソッド ……………………………………………………………… 134
  - 6.12.2　クラスフィールド・クラスプロパティ ………………………………… 134
- 6.13　継承 ………………………………………………………………………………… 136
  - 6.13.1　基底クラスと派生クラス ………………………………………………… 136
  - 6.13.2　メソッドの隠蔽 ……………………………………………………………… 138
  - 6.13.3　クラスの型変換 ……………………………………………………………… 138
  - 6.13.4　継承禁止 ……………………………………………………………………… 138
- 6.14　ポリモーフィズム ………………………………………………………………… 140
  - 6.14.1　オーバーライド ……………………………………………………………… 140
  - 6.14.2　抽象クラス・抽象メソッド ……………………………………………… 141
  - 6.14.3　インターフェイス …………………………………………………………… 142
- 6.15　ジェネリックメソッド …………………………………………………………… 144
- 問題の解答 ………………………………………………………………………………… 146

第7章　シーンの基本設定 …………………………………………………………… 147
- 7.1　カメラ・光源の設定 ………………………………………………………………… 148
  - 7.1.1　カメラ …………………………………………………………………………… 148
  - 7.1.2　光源 ……………………………………………………………………………… 148
- 7.2　プリミティブオブジェクトの作成 ……………………………………………… 150
- 7.3　ゲームオブジェクトの色設定 …………………………………………………… 153
  - 7.3.1　マテリアル ……………………………………………………………………… 153
  - 7.3.2　ゲームオブジェクトの色設定 ……………………………………………… 155
- 7.4　アセットストアの利用 …………………………………………………………… 156
  - 7.4.1　アセットストアからのインポート ………………………………………… 156
  - 7.4.2　テクスチャの利用 …………………………………………………………… 158
  - 7.4.3　3Dモデルの利用 ……………………………………………………………… 159

第8章　ユーザーインターフェイス ………………………………………………… 163
- 8.1　テキストボックス ………………………………………………………………… 164
  - 8.1.1　テキストボックスの作成・設定 …………………………………………… 164
  - 8.1.2　キャンバス ……………………………………………………………………… 166
  - 8.1.3　イベントシステム …………………………………………………………… 168
  - 8.1.4　テキストボックスへの表示 ………………………………………………… 169
  - 8.1.5　サンプルスクリプトExUITextBox ………………………………………… 170
- 8.2　ボタン ………………………………………………………………………………… 173
  - 8.2.1　Buttonの作成・設定 ………………………………………………………… 173
  - 8.2.2　ボタンのクリック時の処理 ………………………………………………… 174
  - 8.2.3　サンプルスクリプトExUIButton（論理演算子版） …………………… 175
- 8.3　ドロップダウン …………………………………………………………………… 180
  - 8.3.1　ドロップダウンの作成・設定 ……………………………………………… 180
  - 8.3.2　ドロップダウンの選択時の処理 …………………………………………… 181
  - 8.3.3　サンプルスクリプトExUIDropdown（if-else版） …………………… 182
  - 8.3.4　サンプルスクリプトExUIDropdown（switch版） …………………… 188
- 8.4　入力フィールド …………………………………………………………………… 190

　　　　8.4.1　入力フィールドの作成・設定 ……………………………………………… 190
　　　　8.4.2　入力フィールドへの入力完了時の処理 …………………………………… 191
　　　　8.4.3　サンプルスクリプト ExUIInputField（線形探索版）………………………… 192
　　　　8.4.4　サンプルスクリプト ExUIInputField（クラス版）…………………………… 196

第9章　ゲームオブジェクトの操作 ………………………………………………… 199
9.1　ゲームオブジェクトの移動 …………………………………………………………… 200
　　　　9.1.1　Translate ……………………………………………………………………… 200
　　　　9.1.2　サンプルスクリプト ExTranslate（リテラル版）……………………………… 201
　　　　9.1.3　サンプルスクリプト ExTranslate（変数版）………………………………… 206
　　　　9.1.4　Unityにおける座標に関するデータの扱い ………………………………… 208
　　　　9.1.5　サンプルスクリプト ExTranslate（Vector3版）……………………………… 209
　　　　9.1.6　サンプルスクリプト ExTranslate（算術演算子版）………………………… 211
9.2　ゲームオブジェクトの自転 …………………………………………………………… 213
　　　　9.2.1　Rotate ………………………………………………………………………… 213
　　　　9.2.2　サンプルスクリプト ExRotate（変数版）……………………………………… 214
　　　　9.2.3　サンプルスクリプト ExRotate（算術演算子版）…………………………… 217
9.3　ゲームオブジェクトの回転 …………………………………………………………… 219
　　　　9.3.1　RotateAround ………………………………………………………………… 219
　　　　9.3.2　サンプルスクリプト ExRotateAround ……………………………………… 220
9.4　ゲームオブジェクトの拡大・縮小 …………………………………………………… 227
　　　　9.4.1　localScale …………………………………………………………………… 227
　　　　9.4.2　サンプルスクリプト ExLocalScale ………………………………………… 228
9.5　ゲームオブジェクトの位置 …………………………………………………………… 233
　　　　9.5.1　position ……………………………………………………………………… 233
　　　　9.5.2　サンプルスクリプト ExPosion ……………………………………………… 234
9.6　ゲームオブジェクトの向き …………………………………………………………… 238
　　　　9.6.1　eulerAngles ………………………………………………………………… 238
　　　　9.6.2　サンプルスクリプト ExEulerAngles ………………………………………… 239
9.7　ゲームオブジェクトの色 ……………………………………………………………… 243
　　　　9.7.1　color ………………………………………………………………………… 243
　　　　9.7.2　サンプルスクリプト ExColor ……………………………………………… 244
9.8　プレハブの利用 ……………………………………………………………………… 248
　　　　9.8.1　プレハブ化 …………………………………………………………………… 248
　　　　9.8.2　Instantiate / Destroy ………………………………………………………… 249
　　　　9.8.3　サンプルスクリプト ExPrefab（for版）……………………………………… 250
　　　　9.8.4　サンプルスクリプト ExPrefab（配列版）…………………………………… 254

第10章　入力処理 259

10.1　キーボード入力 260
- 10.1.1　GetKey 260
- 10.1.2　サンプルスクリプト ExGetKey 261

10.2　マウスボタン入力 265
- 10.2.1　GetMouseButton 265
- 10.2.2　サンプルスクリプト ExGetMouseButton 265

10.3　ポインター入力 268
- 10.3.1　OnPointer 関連メソッド 268
- 10.3.2　ポインターの座標変換 270
- 10.3.3　サンプルスクリプト ExPointer 271

第11章　エフェクト 277

11.1　パーティクルシステム 278
- 11.1.1　パーティクルシステムの設定 278
- 11.1.2　パーティクルシステムに関する命令 281
- 11.1.3　サンプルスクリプト ExParticleSystem と ExCreatBombs 282

第12章　物理シミュレーション 287

12.1　物理エンジン 288
- 12.1.1　リジッドボディの概要 288
- 12.1.2　リジッドボディの設定 288

12.2　衝突 291
- 12.2.1　衝突の検出 291
- 12.2.2　衝突時の処理 292
- 12.2.3　トリガー 293
- 12.2.4　サンプルスクリプト ExCollision 294

12.3　物理的な力とトルク 299
- 12.3.1　AddForce / AddTorque 299
- 12.3.2　サンプルスクリプト ExAddForce（継承版） 301
- 12.3.3　サンプルスクリプト ExAddForce（ポリモーフィズム版） 305

第13章　携帯端末アプリケーションの作成 311

13.1　ビルド設定 312
13.2　Android 端末の設定 315
13.3　ビルド・実行 316

著者紹介 319

第1章　プログラミングの準備

1.1 Unityのインストール

　CG（コンピューターグラフィックス）やサウンドなどを使いながら、楽しくC#プログラミングを学ぶ環境として、本書ではUnityを使用します。Unityとは、Unity Technologies社が開発した、ゲーム開発のための統合開発環境です。ゲームのキャラクターや小道具、背景、ライト、カメラなどを容易に作成でき、物理的シミュレーション機能も持っているため、プログラムを作成する負担が大幅に軽減されます。また、いわゆる移植性が高く、作成したプログラムはパソコンだけでなく、スマートフォンやゲーム機でも動作させることができます。ここでは、無料で使用できるUnity Personal版を使用します。なお、ダウンロードサイト及びインストール用ソフトウェアは随時更新されているため、下記とは多少内容が異なることがあります。

1.1.1　インストール

【A】Unity Hubのインストール

（1）Unityをダウンロードするために次のサイトをアクセスします。本書ではブラウザー「Microsoft Edge」を使用した例を示します。

　　　https://unity3d.com/jp/get-unity/download

　「Unityをダウンロード」画面の [Unity Hubをダウンロード]ボタンをクリックします。Unity HubとはUnityのインストールやバージョン管理などを行うソフトウェアです。

●図1-1-1　Unity Hubのダウンロード

（2）ダウンロード後、ブラウザー下部に表示される「実行」または「保存」をクリックします。なお、保存を選択した場合は、保存後そのファイルをダブルクリックし実行します。

（3）「このアプリがデバイスに変更を加えることを許可しますか？」というメッセージが表示されたら、[はい]ボタンをクリックします。

（4）[Unity Hub セットアップ（ライセンス契約書）]画面にて、Page Downキーを押して契約書を確認後、同意するならば、[同意する]ボタンをクリックします。

（5）[Unity Hub セットアップ（インストール先）]画面にて、インストール先フォルダーを指定します。本書ではデフォルトのままとし、[インストール]ボタンをクリックします。

（6）[Unity Hub セットアップ（完了）]画面にて、[Unity Hubを実行]=オンとし、[完了]ボタンをクリックします。

●図1-1-2　Unity Hub セットアップ

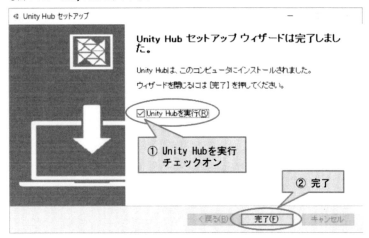

（7）Unity Hubが起動する際に、[Windowsセキュリティの重要な警告]メッセージが表示されたら、[アクセスを許可する]ボタンをクリックします。また、Unity Hubが自動的に起動しない場合は、デスクトップにある[Unity Hub]アイコンをダブルクリックし起動します。

【B】Unityエディター及び関連ソフトウェアのインストール

　Unityエディターとは Unityの本体で、ゲームオブジェクトの作成・管理、アプリの作成などを行うソフトウェアです。

（1）[Unity Hub]画面にて、左欄メニューの[インストール]を選択し、[インストール]ボタンをクリックします。

●図1-1-3　Unity Hubインストール画面

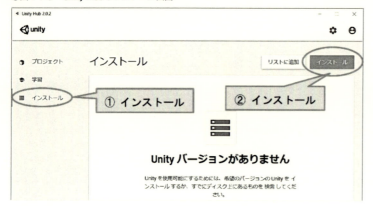

（2）[Unityバージョンを加える]画面で希望するバージョンのUnityを選択し、[次へ]ボタンをクリックします。本書ではUnity 2019.1.7f1を選択します。

●図1-1-4　Unityのバージョン選択

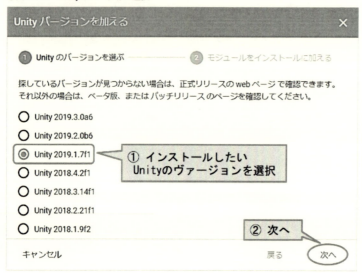

（3）次に希望するモジュールを選択します。本書で使う次のモジュールは必ずチェックしてください。

・Microsoft Visual Studio Community 2017（プログラムを入力するための編集ソフトウエア）
・Android Build Support（第13章で携帯端末のアプリを作成するために必要なソフトウェア）
・Android SDK & NDK Tools（同上）
・Documentation（解説書）
・日本語（Unityを日本語版にするためのモジュール）
　※最終バージョンには「日本語」が用意されていないことがあります。その場合はそれ以前のバージョンを選択してください。

これらをチェックオンにして、[次へ]ボタンをクリックします。

●図1-1-5　追加モジュールの選択

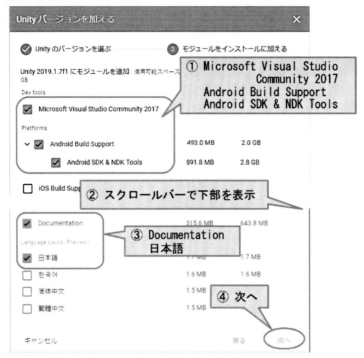

（4）次にVisual Studioの「エンドユーザーライセンス契約」画面が表示されます。内容を確認後、同意するならば同意のチェックボタンをオンにし、[次へ]ボタンをクリックします。同様にAndroid SDK & NDK も同意後、[実行]ボタンをクリックします。「このアプリがデバイスに変更を加えることを許可しますか？」というメッセージが表示されたら、[はい]ボタンをクリックします。

（5）Unityとそのモジュール及びVisual Studioのインストールが始まります。この処理に多少時間がかかることがあります。

（6）インストールが完了すると次の画面が表示されます。必要に応じて右上端の[：]をクリックすると、モジュールの追加などが容易にできます。ここでは何もせずに、次項のUnityIDの取得作業へ進みます。

●図1-1-6　インストール後のモジュール追加方法

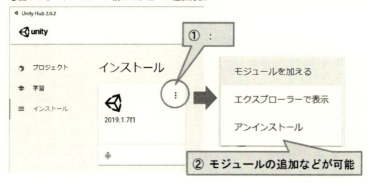

【C】UnityIDの取得

（1）Unityを使用するために、UnityID（無料）を取得します。[Unity Hub]画面の右上端の人型アイコンをクリックし、ポップアップメニューの[サインイン]を選択します。

●図1-1-7　サインイン

（2）[Sign into your Unity ID]画面内にあるリンク[create one]をクリックします。

●図1-1-8　UnityIDの取得

（3）[Create a Unity ID]画面が開きます。Email（電子メールアドレス）、Password（パスワード）、

Username（ユーザー名、任意の愛称）、Full Name（姓名）の入力欄に各内容を入力します。プライバシーポリシーに同意するために、[I agree to the Unity Terms of Use and Privacy Policy]=オンとします。また、Unityからの案内の受け取りについて希望に応じて [I understand that ～]=オンまたはオフとします。この内容（メールアドレス、パスワードなど）はメモに記録しておくとよいでしょう。そして、[Create a Unity ID]ボタンをクリックします。

●図1-1-9　UnityID取得のための登録データ

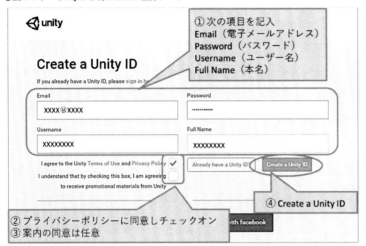

（4） 登録したメールアドレスにメール「Confirm your email address」が届きます。このメールを開いて、リンク[Link to confirm email]をクリックします。

●図1-1-10　確認用メール

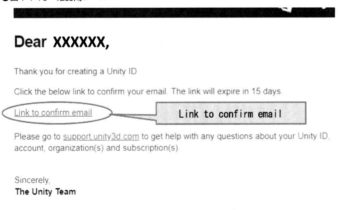

（5） すると、Unityのサイトが開き、Unity IDが取得された旨が通知されます。
（6） 再びUnityの[Confirm your Email]ウインドウに戻り、[Continue]ボタンをクリックします。
（7） 上記の操作により、サインインされていれば、Unity Hub画面の右上に登録したユーザー名（省略形）が表示されます。そうでなければ、登録したメールアドレスとパスワードを入力し、[Sign

in]ボタンをクリックし、サインインします。

【D】ライセンスの取得

（1）Unityを使用するためのライセンスを取得します。[Unity Hub]画面の[設定]（歯車アイコン）をクリックし、左欄メニューの[ライセンス管理]を選択し、[新規ライセンスの取得]ボタンをクリックします。

●図1-1-11　Unity Hubのライセンスの管理画面

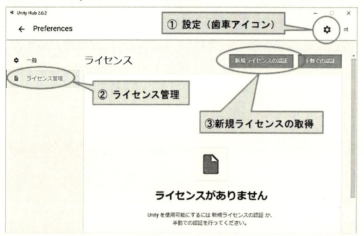

（2）[新規ライセンスの認証]画面にて、希望するライセンス[1]を選択し、[実行]ボタンをクリックします。無料で使用する場合は「Unity Personal」を選択します。ただし、その項目の下側にある2つの条件のいずれかを満たす必要があります。本書では、Unity Personalを商用使用しないことで登録します。

1.Unityのライセンスの詳細は次のサイトを参考にしてください。unity Store, Unityプラン, https://store.unity.com/ja

●図1-1-12　ライセンスの選択

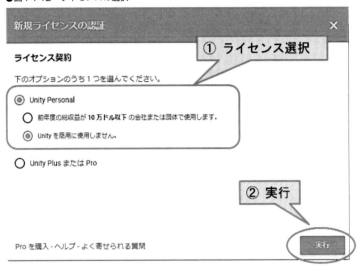

（3）ライセンスを得ると、下図のとおりライセンス内容が表示されます。確認後、[Preference]をクリックします。

●図1-1-13　ライセンス内容の確認

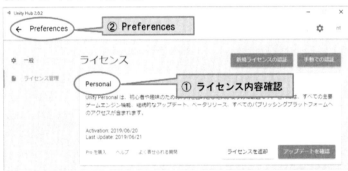

1.1.2　Unityエディターの設定

【A】新規プロジェクトの作成

（1）Unityで使用するファイルを保存するため、専用のフォルダーをあらかじめ作成しておきます。ここでは、各ユーザーの任意のフォルダー下にフォルダー「UnityProjects」を作成します。

（2）Unity Hubを起動します。（すでに起動してある場合は次の操作は不要です。）

　　Windowsの[スタート]ボタン → [スタートメニュー]内の[Unity Hub]

（3）新規のプロジェクト[2]を作成します。左欄メニューの[プロジェクト]を選択し、右上の[新規作成]ボタンをクリックします。

---

2. プロジェクトとは、その処理に使用するプログラムや画像・音声などをまとめて保存する集合体のことです。

●図1-1-14　Unity Hubのプロジェクト管理画面

（4）[テンプレート]から「3D」を選択します。設定欄にて[プロジェクト名]（ここでは「CSharpTextbook」とします。）、[保存先]（ここでは、先ほど作成したフォルダー「UnityProjects」とします。）を入力し、[作成]ボタンをクリックします。[Windowsセキュリティの重要な警告]メッセージが表示されたら、[アクセスを許可する]ボタンをクリックします。

●図1-1-15　新規プロジェクトの作成

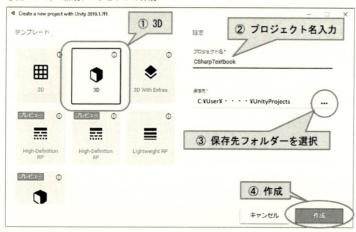

（5）Unityの操作画面が開きます。このソフトウェアを**Unityエディター**といいます。

●図1-1-16　Unityエディターの初期画面

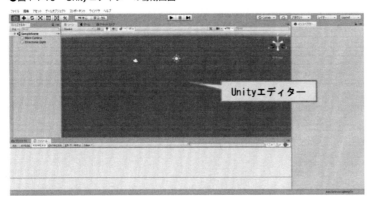

【B】日本語化・スクリプトエディターなどの設定

（1）日本語設定：Unityエディターのメニューを日本語に設定します。

　【メニューバー】→ [Edit] → [Preferences] → [Languages] → [Editor Language(Experimental)]=オン → [Editor Language]=日本語(Experimental)

　設定後、Unityエディターを終了し、再起動します。

●図1-1-17　日本語設定

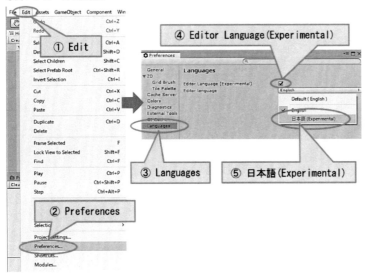

（2）スクリプトエディターの設定：Unityではプログラムのことを**スクリプト**といい、その入力・編集するソフトウェアを**スクリプトエディター**といいます。Unityではスクリプトエディターとして Microsoft Visual Studio Community 2017（無料）を提供しています。すでに前述のインストール作業にて、Visual Studioもインストールされています。次の手順に従い、スクリプトエディターが Visual Studioに設定されていることを確認してください。もしそうでない場合は、Visual Studioを設定します。

【メニューバー】→ [編集] → [環境設定] → [Project settings] 画面の[外部ツール] → [外部のスクリプトエディター]を選択（ここではVisual Studio 2017（Community）とします。）

● 図1-1-18　スクリプトエディター設定

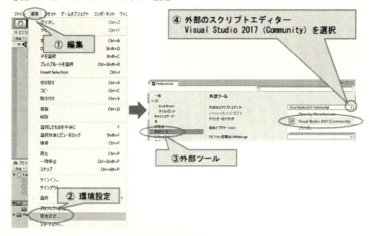

（3）C#のバージョン設定：次の操作で[スクリプティングランタイムバージョン]が「.NET4.x 相当」であることを確認してください。

【メニューバー】→ [編集] → [プロジェクト設定] → [Project settings] 画面の[Player] → [その他の設定]グループ → [スクリプティングランタイムバージョン]=.NET4.x 相当。この設定により、C#6 互換となります。もし、そうでないなら上記のとおり設定してください。その際、「再起動が必要です。」というメッセージが表示された場合は、その指示に従います。

● 図1-1-19　C#バージョン設定

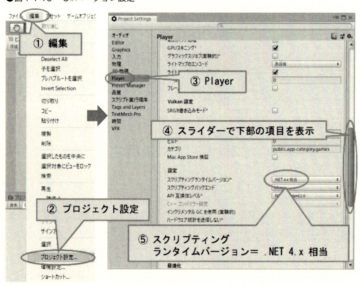

（4）ファイル名等表示設定：プロジェクトウインドウの右下のスライダーは左端に設定しておき

ましょう。長いファイル名も読みやすくなります。

●図1-1-20　ファイル名等表示設定

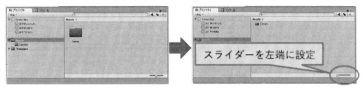

【C】プロジェクト・シーン・パッケージのファイル操作

　ゲームの中に登場するキャラクターや道具、カメラや照明用ライトなどを**ゲームオブジェクト**といいます。それらのゲームオブジェクトが存在する空間とそれを構成するデータ群をシーンといいます。Unity起動時に[新規]プロジェクトを選択した場合は、新規のシーン「SampleScene」が自動的に作成されます。ヒエラルキーウインドウの上部にシーン名「SampleScene」が表示されています。また、プロジェクトウインドウのフォルダー「¥Assets¥Scenes」の中にシーン「SampleScene」があります。

（1）シーンの上書き保存：何らかの操作を行った結果を再度同じシーン名で上書き保存したい場合は、次の操作を行います。
　【メニューバー】→ [ファイル] → [保存]　ここではシーン「SampleScene」を上書き保存します。
（2）シーンの新規作成：【メニューバー】→ [ファイル] → [新しいシーン] → すると、新しいシーンに切り替わり、ヒエラルキーウインドウの上部に「Untitled」と表示されます。
（3）シーンの別名保存：現在のシーンに新たな名前を付けて保存するには、次の操作を行います。
　【メニューバー】→ [ファイル] → [別名で保存] → [シーンを保存]画面の[保存先フォルダー]を設定（ここでは「¥Assets¥Scenes」とします。）→ [ファイル名]を入力（ここでは「TestScene」とします。）→ [保存] → 新たにシーン「TestScene」が作成されます。
（4）シーンを開く：【メニューバー】→ [ファイル] → [シーンを開く] → [シーンをロード]画面の[保存先フォルダー]を設定（ここでは「¥Assets¥Scenes」とします。）→ 読み込みたいシーン（ここでは「SampleScene」）を選択 → [開く] → これにより先に保存したシーンが読み込まれます。
（5）シーンの削除：不要になったシーンを削除するには、次の操作を行います。
　【プロジェクト】→ [Assets] → [Scenes] → 削除したいシーン（ここでは「TestScene」）を選択 → Delete キー → ダイアログボックス「Delete selectd asset?」表示 → [削除]
（6）パッケージのインポート：パッケージとは、ゲームオブジェクトやプログラムなどをまとめてファイルに収めたものです。他のプロジェクトのパッケージを読み込み、それらのデータなどを利用することができます。ここでは、次のサイトにあるパッケージをダウンロードし、それをインポートして今後のプログラミング演習に利用します。必ず、次の操作を行ってください。
（a）次のサイトにあるパッケージをダウンロードし、Zipファイルを解凍してください。
　　　パッケージがあるサイト　https://wonderprocessor.com/publication/

本書の「演習用データ」をダウンロードしてください。

　　パッケージ名　　BaseScene.unitypackage

（b）上記のパッケージをダウンロードしたら、次の操作でインポートします。

　　【メニューバー】→[アセット]→[パッケージをインポート]→[カスタムパッケージ]→先にダウンロードしたパッケージ[BaseScene.unitypackage]を選択→[すべて]→[インポート]

　　※インポートした際にコンソールウインドウに3Dモデルの不具合に関する警告「A polygon of XXXX is self-intersecting and has been discarded.」が複数表示されますが、無視してかまいません。

●図1-1-21　パッケージのインポート

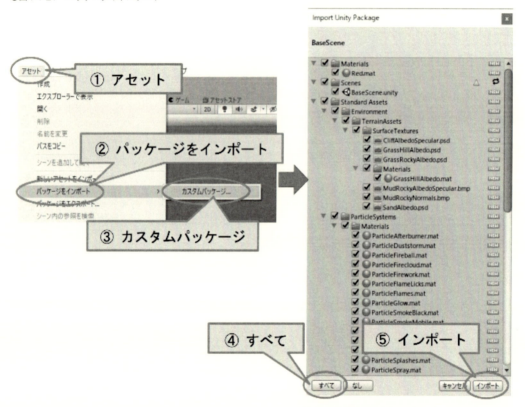

（c）インポートが完了したら、次の操作でシーン「BaseScene」を開きます。

　　【メニューバー】→[ファイル]→[シーンを開く]→[シーンをロード]画面の[保存先フォルダー]=¥Assets¥Scenes→[ファイル名]=BaseScene→[開く]

　　これにより本書でプログラミング演習するために必要な飛行機の3Dモデルやカメラなどのデータが読み込まれます。

　　※なお、このシーンはUnity編第7章及び8章8.1.1〜8.1.3の解説に従い作成されたものです。

（7）プロジェクトの上書き保存：すべてのデータを保存するためには、シーンだけでなく、プロジェクトを保存する必要があります。次の操作でプロジェクトを上書き保存します。

【メニューバー】→ [ファイル] → [プロジェクトを保存]

(8) Unityの終了：システムを終了するには、次の操作を行います。

【メニューバー】→ [ファイル] → [終了]

(9) Unityの起動及びプロジェクトの読み込み：起動時に既存プロジェクトを開くには、次の操作を行います。

Unity Hub起動 → 左欄メニューの[プロジェクト] → リスト上のプロジェクト（ここでは[CSharpTextbook]）を選択 → Unityエディターが起動し、選択したプロジェクトが開きます。

1.2 Unityエディターの基本操作

1.2.1 Unityエディターの画面構成

　Unityエディターの操作方法を理解するために、まず主たるウインドウ及びツールバーなどの名称、概要及び配置を覚えましょう。

（1） 準備：Unity及びシーン「BaseScene」が開かれていない場合は次の操作をします。
　Unity Hubを起動し、プロジェクト「CSharpTextbook」、C#編1.1.2【C】で使用したシーン「￥Assets￥Scenes￥BaseScene」を開きます。
（2） デフォルトの画面レイアウトにします。
　【メニューバー】→[ウインドウ]→[レイアウト]→[デフォルト]
（3） デフォルトの画面の名称と概要は次のとおりです。なお、【　】に囲まれた表記は、今後の解説において手順を示す際に使用します。
　（a）【メニューバー】：ファイル操作、編集操作などのメニュー群
　（b）【ツールバー】：ゲームオブジェクトの移動・回転などの操作やプログラムの実行などを扱うボタン群
　（c）【シーンビュー】：ゲームオブジェクトが配置されている世界の表示エリア
　（d）【ゲームビュー】：設定したカメラから見た世界の表示エリア（プログラム実行時の表示エリア）
　（e）【ヒエラルキー】ウインドウ：図形、照明、カメラなどのゲームオブジェクトのリスト表示エリア
　（f）【インスペクター】ウインドウ：ヒエラルキー／プロジェクトウインドウで選択したゲームオブジェクトの詳細情報の表示エリア
　（g）【プロジェクト】ウインドウ：画像データやプログラムなどのファイルリストの表示エリア
　（h）【コンソール】ウインドウ：エラーメッセージなどの表示エリア

●図1-2-1　Unityエディターの画面構成

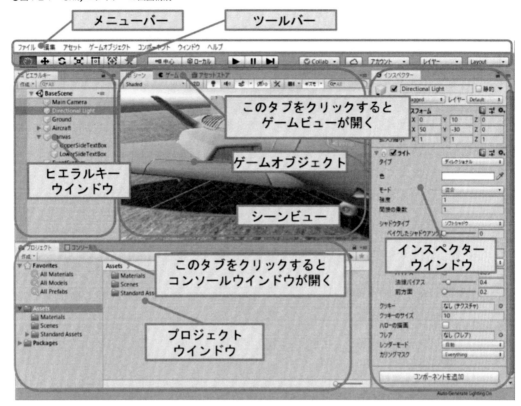

1.2.2　各ウインドウの操作

【A】シーンビューの操作

　シーンビューにおける視点（カメラ）を自在に扱えるようにしましょう。その操作方法を次に示します。

（1）次元・ライト・音声・レンダリング：シーンビューの上部にあるボタンは、左から次元・ライト・音声・レンダリングなどを設定するボタンで、主なボタンの意味は次のとおりです。

●図1-2-2　シーンビュー

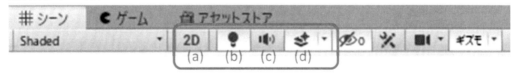

（a）2D：オンでは2D（2次元、平面の世界）になり、オフで3D（3次元、立体の世界）になります。
（b）シーンライティング（Scene Lighting）：オンでシーン内のライトが有効になります。
（c）オーディオ（Audio）：オンで効果音やBGMなどが有効になります。

（d）レンダリング（Rendering）：Skybox（空）やFog（霧）などの表現を有効にします。
　　　ここでは[2D]=オフ、[シーンライティング]=オン、[オーディオ]=オン、[レンダリング]=オンとします。
（2）視点移動
（a）視点移動（上下左右）：【ツールバー】→[ハンドツール（手形アイコン）]→マウスカーソルが手形に変化→この状態で【シーンビュー】内を左ボタンでドラッグすると、視点が上下左右に移動します。

●図1-2-3　ハンドツール（移動モード）

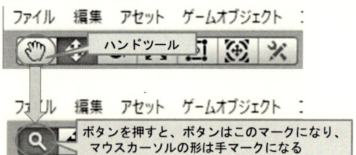

（b）視点移動（前後左右）：手形アイコンがオンの状態で、矢印キー ↑ 、↓ 、← 、→ を押すと、視点が奥行き方向の前後、左右に移動します。
（c）視点移動（回転）：ハンドツールがオンの状態で、【シーンビュー】を右ボタンでドラッグすると、マウスカーソルが目形に変化し、視点が回転します。

●図1-2-4　ハンドツール（回転モード）

（d）視点移動（拡大・縮小）：マウスのホイールを前側へ回転すると拡大、後側へ回転すると縮小します。
（e）ゲームオブジェクトへの焦点合わせ：視点を移動してゲームオブジェクトが見えなくなったときなど、再びゲームオブジェクトに焦点を当てたいことがあります。その場合は次のように操作します。
　　　【ヒエラルキー】にて焦点を当てたいゲームオブジェクト（ここでは[Aircraft]）を選択→マウスカーソルを【シーンビュー】の中に移動→ F キー→選択したゲームオブジェクトが【シーンビュー】の中心になるように視点が移動します。
（3）投影モードの変更：透視投影と平行投影（あるいは等角投影）を切り替えることができます。

（a）透視投影：近くにあるものは大きく見え、遠くにあるものは小さく見えます。
（b）平行投影：近くも遠くも同じ大きさに見えます。平面図を見て図形などを操作する際に役立ちます。

下図(a)、(b)の「Persp」あるいは「Iso」と表示されている部分をクリックすることで投影方法を変更することができます。

●図1-2-5　投影モード

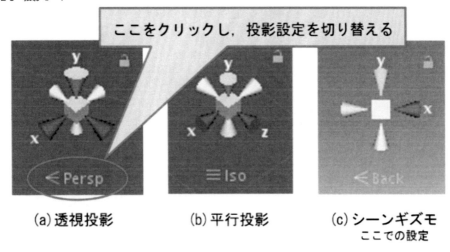

(a) 透視投影　　(b) 平行投影　　(c) シーンギズモ
　　　　　　　　　　　　　　　　　　ここでの設定

(4) 特定方向（正面、側面、上面など）からの視点
（a）【シーンビュー】の右上にある座標軸を示しているものを**シーンギズモ**といいます。x、y、zの円錐（えんすい）部分をクリックするとその座標方向へ視点が設定されます。
（b）この設定の解除は、シーンギズモの上で右クリックし、「Free」を選択します。
（c）ここでは、上図(c)のように右側がx、上側がyになるように設定します。これにより、画面上の座標軸は、水平方向右側がX軸正方向、垂直方向上側がY軸正方向、画面の奥側がZ軸正方向となります。これはプログラムによるゲームオブジェクトの移動・回転の方向がわかりやすい視点です。

【演習1-1】シーンビューの操作

シーンギズモ及び視点の操作を行い、下図のとおりシーンビューを設定しなさい。

●図1-2-6 シーンビューの演習課題

この状態で、シーン「BaseScene」及びプロジェクトを上書き保存します。

―――

【B】ギズモによるゲームオブジェクトの操作

　ゲームオブジェクトの選択：【ヒエラルキー】→ ゲームオブジェクト（ここでは[Aircraft]）を選択[3] → 【ツールバー】→ [移動ツール] → 選択されたゲームオブジェクトの周囲はオレンジ色に変化し、赤・緑・青の3つの矢印が表示されます。この矢印などを使ってゲームオブジェクトを操作することができます。このようにゲームオブジェクトの操作ツールをグラフィックス表示した仕掛けを**ギズモ**といいます。

●図1-2-7 ゲームオブジェクトのギズモ

　ギズモをマウスで操作することにより、ゲームオブジェクトを移動・回転・拡大縮小させることができます。まず、ゲームオブジェクトを選択後、ツールバーの移動ツール、回転ツールなどを選択してギズモの種類を変更します。

---

3. ゲームオブジェクトを選択する際、シーンビューにてゲームオブジェクト図形をクリックして選択することも可能ですが、ゲームオブジェクトが小さい、重なっている、親子関係を持つゲームオブジェクトであるなどの場合は、選択ミスをすることがあります。ヒエラルキーウインドウで選択することを推奨します。

●図1-2-8　ツールバーとギズモ

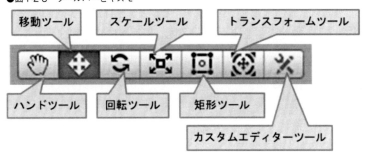

（a）移動：【ツールバー】→ [移動ツール] → 移動用のギズモが表示されます。赤矢印はゲームオブジェクトの左右方向(x軸方向)を示し、緑矢印は上下方向(y軸方向)、青矢印は前後方向(z軸方向)を示します。移動させたい方向の矢印をドラッグすると矢印が黄色に変化し、ゲームオブジェクトを移動させることができます。また、ギズモの中心をドラッグすると、任意の方向へ移動させることができます。

（b）回転：【ツールバー】→ [回転ツール] → 回転用のギズモが表示されます。赤・緑・青の3つの円は、ゲームオブジェクトのX・Y・Z軸回りの回転ツールです。回転させたい方向の円をドラッグすると、円の色が黄色に変わり、ゲームオブジェクトを回転させることができます。また、ギズモの中心をドラッグすると、任意の軸回りに回転させることができます。

（c）拡大・縮小：【ツールバー】→ [スケールツール] → 拡大縮小用のギズモが表示されます。赤・緑・青の3つの立方体はゲームオブジェクトのX・Y・Z軸方向の倍率変更ツールです。拡大・縮小させたい方向の立方体をドラッグすると、四角の色が黄色に変わり、ゲームオブジェクトを拡大・縮小させることができます。また、ギズモの中心をドラッグすると、3軸同時に拡大縮小することができます。

※矩形（くけい）ツール、トランスフォームツールは上記のツールの複合体です（詳細割愛）。

【C】ヒエラルキーウインドウの操作

（1）ゲームオブジェクトの選択：【ヒエラルキー】でゲームオブジェクトを選択できます。選択すると【インスペクター】にその詳細情報が表示されます。

（2）子オブジェクト：【ヒエラルキー】のオブジェクト名の前に▶がある場合は、そのオブジェクトが子オブジェクトを持っていることを示しています。▶をクリックすると、その下部に子ゲームオブジェクトが表示されます。

●図1-2-9　子オブジェクト

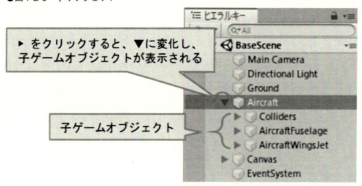

【D】プロジェクトウインドウの操作

【プロジェクト】の内部は階層化されたフォルダーがあります。特にフォルダー「Assets」の下に、シーンを保存するフォルダー「Scenes」やスクリプトを保存するフォルダー「Scripts」などがあり、よく使用するデータが保存されています。まず利用するフォルダーを選択した後、シーンやスクリプトなどを作成します。

【E】コンソールウインドウの操作

【プロジェクト】ウインドウと【コンソール】ウインドウは、下図のとおり上部にあるタブで切り替えます。

原則として、右上の3つのボタンはオンにしておきます。これらは左側から文字出力、警告、エラーの表示の可否を表しています。

表示エリアには警告メッセージやエラーメッセージが表示されます。メッセージを確認したら、[消去]ボタンでメッセージ表示エリアをクリアします。必要があれば、ふたたび警告、エラーが表示されます。

●図1-2-10　コンソールウインドウの操作

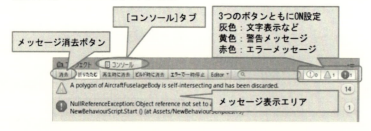

※注意：【B】〜【E】の操作を行った後にシーンを上書きしないでください。再度「BaseScene」を開きます。その際「シーンで行った変更を保存しますか？」というメッセージが表示されたら「保存しない」をクリックします。

32　第1章　プログラミングの準備

1.3 Visual Studioの基本操作

1.3.1 Visual Studioの画面構成

【A】スクリプトの作成とVisual Studioの起動

(1) 準備：Unity及びシーン「BaseScene」が開かれていない場合は次の操作をします。

　Unity Hubを起動し、プロジェクト「CSharpTextbook」、C#編1.1.2【C】で使用したシーン「¥Assets¥Scenes¥BaseScene」を開きます。

(2) フォルダー作成：スクリプトの保存先として専用のフォルダーを作成します。

　《Unityエディター》→【プロジェクト】→ [Assets] →【メニューバー】→ [アセット] → [作成] → [フォルダー] → フォルダー名（ここでは「Scripts」）を入力 → フォルダー「¥Assets¥Scripts」が作成されます。

(3) スクリプトファイル作成：Unityエディターからスクリプトファイルを次のとおり作成します。

　【プロジェクト】→ [Assets] → フォルダー[Scripts]を開く →【メニューバー】→ [アセット] → [作成] → [C#スクリプト] → フォルダー[Scripts]内にスクリプトファイル「NewBehaviourScript」が作成されます。→ スクリプトファイル名を適切な名前（ここでは「ExTranslate」）に変更します。（後で変更する場合は、スクリプトファイル名を選択し、右クリックしポップアップメニューを表示 → [名称変更]）

(4) Visual Studioの起動：《Unityエディター》→【プロジェクト】→ [Assets] → [Scripts] → スクリプトファイル（ここでは[ExTranslate]）を選択→ スクリプトファイルをダブルクリック → Visual Studioが起動します。

※初回のみ、サインインと配色テーマ選択の画面が表示されます。Microsoftのアカウントがある場合はサインインし、ない場合は「後で行う」を選択します。なお、別のMicrosoft製品（例えばOffice）がインストール済みでサインインしている場合は特に操作は不要です。配色テーマは任意な配色（ここでは「淡色」）を選択します。

　起動には多少時間がかかることがあります。ファイアウォールからブロックされているとのメッセージが表示された場合は、アクセスを許可します。

●図1-3-1　Visual Studioの初回起動時画面

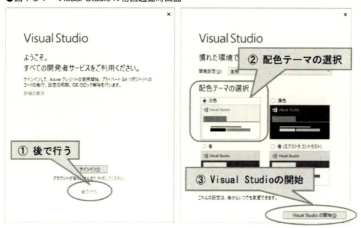

【B】画面構成

(1) ウインドウレイアウトの設定：Visual Studioは自由に必要なウインドウをレイアウトすることができます。ここでは次のとおり操作を行い、3つのウインドウを選択します。

（a）不要なウインドウを閉じる：《VS2017》→ ウインドウの右上隅の[X]印をクリックし、「ExTranslate」ウインドウ以外のすべてのウインドウを閉じます。

●図1-3-2　ウインドウの削除

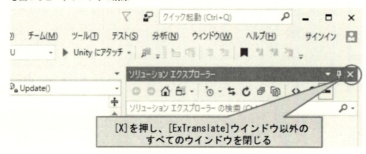

（b）使用ウインドウの選択：《VS2017》→【メニューバー】→ [表示] → [Unityプロジェクトエクスプローラー]及び[エラー一覧]の2つを選択し、下図のように配置します。ウインドウのタイトル部分をドラッグすると、画面中央にひし形の配置ガイドが表示されます。ドラッグしたウインドウを配置ガイドの上でドラッグ＆ドロップすると、その配置ガイドに従いウインドウが配置されます。

●図1-3-3　ウインドウの配置

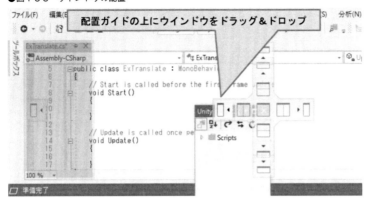

●図1-3-4　Visual Studioの画面構成

(2) 画面の名称と概要：画面の名称と概要を次に示します。上図を参照してください。
- （a）【メニューバー】：ファイル操作、編集操作などのメニュー群
- （b）【ツールバー】：ファイルの保存、戻る（Undo）などの操作を扱うボタン群
- （c）【コードエディター】：スクリプトの入力・編集を行うエリア
  ※Visual Studioではプログラムの文のことをコード（またはソースコード）と呼びます。
- （d）【Unityプロジェクトエクスプローラー】：Unityプロジェクト内にあるスクリプトなどを参照できるエリア
- （e）【エラー一覧】：スクリプトのエラーや警告を表示するエリア

(3) ウインドウレイアウトの保存：自分自身で使いやすいようにウインドウをレイアウトしたら、次の手順で保存します。

《VS2017》→【メニューバー】→ [ウインドウ] → [ウインドウ レイアウトを保存] → [ウインドウ レイアウトを保存]画面にて、レイアウト名欄にて任意の名前入力（ここでは「MyLayout」とします）→ [OK]

（4）ウインドウレイアウトの呼び出し：ウインドウを誤って削除したり、配置が崩れたなどの場合に、次の操作を行い保存したレイアウトを呼び出します。

【メニューバー】→ [ウインドウ] → [ウインドウ レイアウトを適用] → 保存したレイアウト名（ここでは[MyLayout]）を選択→「レイアウト'XXX'を適用して、現在のウインドウレイアウトを破棄しますか？」というメッセージが表示 → [OK]

（5）表示倍率：コードエディターの左下隅にドロップダウンリストがあり、表示倍率が設定できます。また、[Ctrl]＋マウスのホイールでも倍率変更が可能です。

（6）コードレンズの設定：ここではコードレンズ[4]を表示させないようにします。

【メニューバー】→ [ツール] → [オプション] → [テキストエディター] → [すべての言語] → [CodeLens] → [CodeLensを有効にする]＝オフに設定

1.3.2 入力支援機能（インテリセンス）

（1）自動メンバー表示：文法に従い、命令文の一部を入力すると、候補リストが表示されるため、適切な候補を選択し入力を完了することができます。これにより、スペルミスを防ぐことができます。候補リストは[Ctrl]＋[J]を押すと再表示されます。

（2）パラメーターヒント：命令文に与えるデータ（いわゆるパラメーター）も、どのようなものか（数値の種類など）ヒントが表示されるため、それを参考にして入力できます。

（3）自動かっこ：左括弧を入力すると、それに対応する右括弧が自動的に入力されます。文字列を囲む際に使用されるダブルクォーテーション（"）も同様です。

（4）オートフォーマット：中括弧{ }で囲まれた文は、4文字程度字下げして書く慣習があります。中括弧で囲むと、自動的に字下げをして整えます。また、見やすいように空白文字を挿入するなどの機能があります。なお、字下げのことをインデントともいいます。

（5）その他便利な機能：[Alt]＋[↑]、[Alt]＋[↓]により行単位でカーソルを移動できます。

||||||||||||||||||||||||||||||||||||||||||||||||||||||||||||||||||||||||||||||||||||||||||||||||||||||
【演習1-2】入力支援機能

スクリプト「ExTranslate」に、下表のとおり半角英数文字で入力し、メンバーの候補を選択してみましょう（次表の手順1、2）。また、自動かっこの入力支援機能を確認してください（手順3）。さらに、パラメーターヒントを参照し、例のとおり入力しましょう（手順3、4）。そして、中括弧で囲むとその内側を字下げして整えてくれます（手順5）。なお、入力途中では、赤や緑の波下線及びエラー一覧にメッセージが表示されますが、無視して操作を続けます。入力した命令の内容は後で理解することとし、ここでは入力方法のみを学びます。

---

4. コードレンズとは該当するシンボルが参照されている箇所を数えて、「N個の参照」と表示します。その表示箇所をクリックすると、その参照一覧が表示されます。

●図1-3-5　入力支援機能

手順	機能	入力	入力支援機能を利用した入力の一例
1	自動メンバー表示	tr	transformを選択
2	自動メンバー表示	.R ↑ ドット	translatedを選択
3	自動かっこ&パラメータヒント	(左括弧のみ	 右括弧が自動追加 transform.Translate() ここをクリックし4番目のヒントを参照
4	—	右欄を参照	transform.Translate(0.0f, 0.01f, 0.1f);
5	オートフォーマット	右欄を参照	① この1行を入力し改行 ② { を入力し } を削除．スクリプトの末尾に } 入力 ③ 自動で4文字分，字下げされる

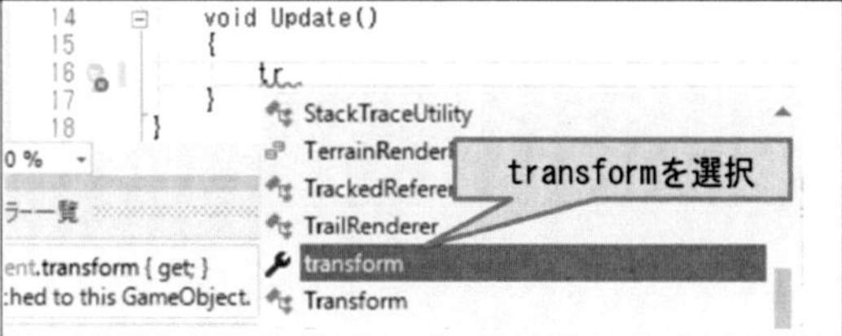

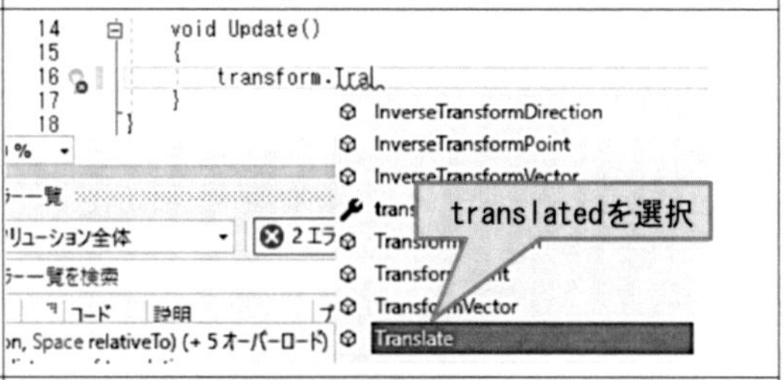

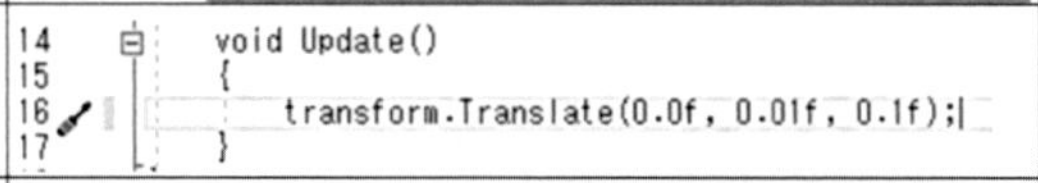

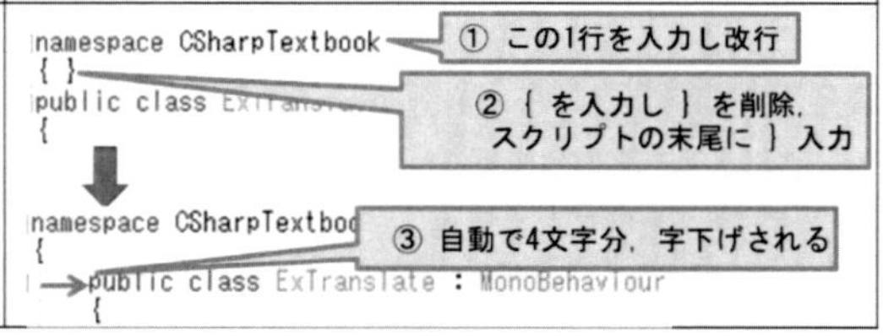

　上記の作業を行うと、次のようなスクリプトが完成します。なお、「public class ○○○ : MonoBehaviour」の○○○部分が「ExTranslate」でない場合は、そのように修正します。なお、Visual Studioのデフォルトの字下げは4文字ですが、サンプルスクリプトでは紙面の都合により2文字分で表記されています。

●サンプルスクリプト　ExTranslate（入力支援機能練習版）

```
01 using System.Collections;
02 using System.Collections.Generic;
03 using UnityEngine;
04
05 namespace CSharpTextbook
06 {
07   public class ExTranslate : MonoBehaviour
08   {
09     // Start is called before the first frame update
10     void Start()
11     {
```

```
12
13      }
14
15      // Update is called once per frame
16      void Update()
17      {
18          transform.Translate(0.0f, 0.01f, 0.1f);
19      }
20  }
21 }
```

1.3.3 エラーと警告

（1）文法チェック：Visual Studioは入力時に自動で文法のチェックを行います。したがって、入力中にも赤い波下線やエラー一覧にメッセージが表示されますが、入力完了までは気にせず入力を続けます。入力完了後、赤や緑の波下線や【エラー一覧】にメッセージがある場合は、入力した文に間違いがある可能性があります。

（2）エラーと警告：さきほど入力した文を、下図のとおり「int a;」を1行追加、「transform〜0.1f)」の末尾のセミコロンを削除します。すると、警告には緑の波下線、エラーには赤の波下線が現れ、さらに【エラー一覧】には警告とエラーに関するメッセージが表示されます。

●図1-3-6 エラーメッセージと警告

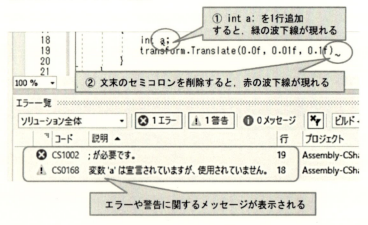

（3）エラー・警告の位置・問題解決の支援：エラー・警告の内容と問題が生じた文の行番号は、【エラー一覧】で確認することができます。また、このメッセージをダブルクリックすると、【コードエディター】内の問題が生じた文にカーソルが移動します。その文の先頭に電球アイコンがある

場合には、そのドロップダウンリストをクリックすると、問題を解決するための修正提案などが表示されます。エラー・警告の内容を確認後、追加した文、削除したセミコンを元に戻して、【エラー一覧】に何もメッセージがない状態にします。

●図1-3-7　エラー・警告の支援

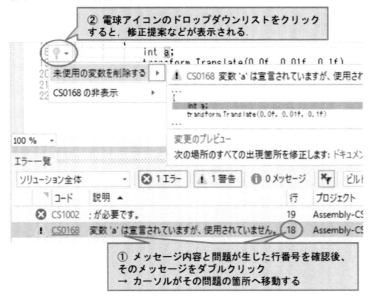

（4）上書き保存：スクリプトファイル「ExTranslate」を次のとおり上書き保存します。
　《VS2017》→【コードエディター】→ スクリプトファイル名の右肩の＊の有無確認、＊がある場合はスクリプトの内容が変更されており、まだ保存されていません。→【メニューバー】→ [ファイル] → [XXXXの保存]（あるいは、下図のように【ツールバー】→ フロッピーディスクのアイコン[XXXXの保存]）→ 保存されると、ファイル名右肩の＊印が消えます。

●図1-3-8　スクリプトファイルの上書き保存

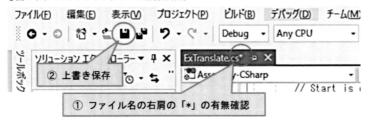

（5）終了：次の操作を行い、Visual Studioを終了します。
　《VS2017》→【メニューバー】→ [ファイル] → [終了]

▶▶▶ Unityエディターを初めて使う方は演習1-3へ進みます。Unity経験者及びC#プログラミングをすぐに学びたい方は第2章へ進みます。

【演習1-3】シーンの基本設定

Unity編第7章及び第8章8.1.1～8.1.3の解説に従い、シーンを作成しなさい。

2

第2章　UnityにおけるC#スクリプトの仕組み

2.1　C#の文の書き方

　ここではUnityのスクリプト言語C#の基本的な書き方を学びましょう。

（1）使用文字：スクリプトの文は、原則半角英数字・半角記号・半角空白で書きます。キーボードの漢字入力モードを半角英数字モードに切り替えてください。
（2）大文字・小文字の区別：大文字・小文字も区別します。例えばNameとnameは別のものを表します。
（3）文：コンピューターへの命令です。文の末尾には原則セミコロン（;）をつけます。

●例
```
transform.Translate(0.0f, 0.01f, 0.1f);
```

（4）文の実行順：複数の文が書かれている場合、原則として上から下へ順番に実行されます。
（5）改行：原則1行に1つの文のみを書き、改行します。
（6）コメント：人間（プログラマー）のために、スクリプトの説明をコメントとして書くことがあります。コメントはコンピューターの動作には何ら関係しません。コメントの書式を次に示します。
（a）単一行コメント：先頭の//から改行までの文をコメントとみなします。原則として、コメントのみで1行とします。コメントには全角文字（日本語）も使用できます。慣例として、//の後には1つの空白を入れます。また、英語で記載する場合は先頭は大文字で開始し、末尾はピリオドで終了します。

●書式
```
// コメント
```

●例1
```
// Use this for initialization.
```

●例2
```
// コメントには日本語も使えます。
```

（b）複数行コメント：/*〜*/で囲われた範囲をコメントとみなします。コメントに日本語を使用する場合、末尾の「*/」を全角の「＊／」にしないように気をつけましょう。

●書式

```
/*
    コメント1
    コメント2
*/
```

|||||||||||||||||||||||||||||||||||||||||||||||||||||||||||||||||||||||||||||||||||
【演習2-1】使用文字・コメントの規則とエラー

スクリプト「ExTranslate」に次の変更を加え、その結果をよく観察してください。なお、考察後には元のスクリプトに戻します。戻す際には、《VS2019》→【メニューバー】→ [編集] → [元に戻す]、あるいは Ctrl + Z キーを押します。なお、現段階では各命令の意味はさておき、入力文字の違いでエラーとなることを理解します。

（1）シーン及びスクリプトファイルを開く：シーン「BaseScene」を開きます。そして、C#編1.3で使用したスクリプトファイル「ExTranslate」を選択し、Visual Studio を起動します。★1.1.2【C】、1.3.1【A】

（2）大文字・小文字：Translateの大文字Tを小文字tに変えます。すると別な命令として理解され、エラーが表示されます。

```
transform.Translate(・・・  →  transform.translate(・・・
```

（3）半角・全角：transformの半角tを全角ｔに変えます。

```
transform.Translate(・・・  →  ｔransform.Translate(・・・
```

（4）コメント：Updateの上にあるコメント先頭の「/」を1つだけ削除します。

```
// Update is called・・・  →  / Update is called・・・
```

エラーの原因に対し、エラーメッセージが必ずしも適切でないこともわかります。

（5）上書き保存：元に戻したら、スクリプトファイル「ExTranslate」を上書き保存します。★1.3.3(4)
|||||||||||||||||||||||||||||||||||||||||||||||||||||||||||||||||||||||||||||||||||

2.2 UnityのC#スクリプトの基本的な構成

先に作成したスクリプト「ExTranslate」を見てください。UnityにおけるC#スクリプトの基本的な構成は次のとおりです。

●C#スクリプトの基本な構成例

```
using ライブラリーの名前空間名;   ←usingディレクティブ
namespace 名前空間名   ←名前空間定義
{   ←ブロック
    public class クラス名 : MonoBehaviour   ←クラス定義
    {
        文;              ←クラスで使用するデータなどの定義

        void Start()    ←メソッド定義
        {
            文;
        }

        void Update()   ←メソッド定義
        {
            文;
        }
    }
}
```

（1）usingディレクティブ：ライブラリーとはスクリプトで利用できる便利な命令を集めたものです。それらを利用する際にusingキーワードの後に名前空間名を指定します。これを**usingディレクティブ**といいます。なお、Unityを利用するには必ず「UnityEngine」を指定します。

（2）クラス：使用するデータやその処理内容をまとめたものを**クラス**といいます。

（3）名前空間：関連があるクラスをグループ化し名前を付けたものを**名前空間**といいます。

（4）ブロック：中括弧{ }で囲まれた部分を**ブロック**といいます。ブロックはそれが使用されているクラスなどの記述範囲、繰り返しを行う制御の範囲などを示します。ブロックの内側の文は、4文字程度字下げすることで、視覚的にブロックの範囲がわかりやすくなります。

（5）メソッド：ある処理を行うための文のまとまりを**メソッド**といいます。

2.3　特別なメソッドStartとUpdate

（1）特別なメソッドStart：プログラムが実行されると、このメソッドが最初に実行されます[1]。ここには、初期手続きなどが書かれます。

（2）特別なメソッドUpdate：コンピューターではフレームと呼ばれる画面が1秒間に60〜240回程度描画されることで動画を表現しています。このメソッドはフレームが描画される際に毎回呼び出され実行されます。つまり、Updateに書かれた命令文は、1秒間に何十回も繰り返し実行されるのです。

●図2-3-1　StartとUpdate

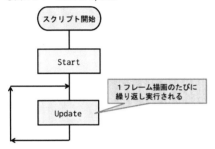

（3）スクリプト「ExTranslate」では、Updateメソッドの中に「transform.Translate (0f, 0.01f, 0.1f)」という命令が書かれています。これはX軸方向（飛行機の右方向）に0、Y軸方向（飛行機の上方）に0.01、Z軸方向（飛行機の前方）に0.1だけ移動するという意味です。よって、このスクリプトによりゲームオブジェクトは、フレームが描画されるたびに移動することになります。

1.Unityでない一般的なC#プログラムでは、Mainというメソッドから開始します。

2.4 ゲームオブジェクトとスクリプトとの関わり（アタッチと実行）

作成したスクリプトは単独では実行することができません。ゲームオブジェクトに組み込まれ、その機能の1つとして動作します。

2.4.1 スクリプトの組み込み（アタッチ）

（1）シーンを開く：シーン「BaseScene」を開きます。★1.1.2【C】
（2）アタッチ：ゲームオブジェクトに機能を与える部品のことを**コンポーネント**といいます。スクリプトもコンポーネントの1つです。コンポーネントをゲームオブジェクトに組み込むことを**アタッチ**といいます。スクリプトをアタッチするには、次のとおり操作します。

《Unityエディター》 → 【ヒエラルキー】 → アタッチ対象のオブジェクト（ここでは[Aircraft]）を選択 → 【インスペクター】 → [コンポーネントを追加] → [Scripts] → アタッチ対象のスクリプト（ここでは[CSharpTextbook] → [ExTranslate]）を選択

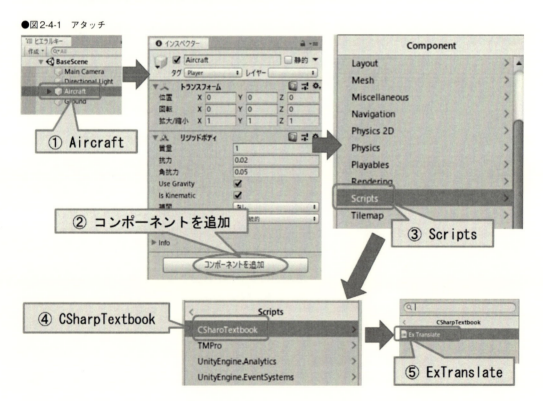

●図2-4-1 アタッチ

（3）[コンポーネントを追加]の[Scripts]のリストに、対象とするスクリプトが表示されない場合：

（a）原因1：スクリプトのファイル名とクラス名が一致していない。

対処：ファイル名とクラス名のスペルをよく確認し一致するよう修正します。

（b）原因2：スクリプトにエラーがある。

対処：【コンソール】に表示されているエラーメッセージを確認し修正します。

原因1または2の修正が完了したら上書き保存し、再度アタッチしてください。

（4）コンポーネントの削除　※これは必要に応じて行います。今は操作不要です。

　ゲームオブジェクトにアタッチしたスクリプトを削除したり、交換したりすることがあります。その場合は次のとおり操作します。

　（ゲームオブジェクトを選択した後）【インスペクター】→ 削除したいスクリプトの歯車アイコン → [コンポーネントの削除] → これによりスクリプトが削除できます。スクリプトを交換する場合は、いったんアタッチされているスクリプトを削除し、新たなスクリプトをアタッチします。

●図2-4-2　コンポーネントの削除

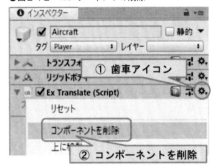

（5）シーンの別名保存：[別名保存]を選択し、シーン名を「SceneTranslate」として保存します。
★1.1.2【C】(4)

2.4.2　スクリプトの実行

（1）スクリプトの実行：《Unityエディター》（C#編2.4.1の続き）→ ツールバーの中央にある[▶]（再生ボタン）→ すると、【シーンビュー】から【ゲームビュー】に変わり、実行結果が表示されます。このスクリプト「ExTranslate」の場合は、ゲームオブジェクト「Aircraft」が上方（Y軸）・前方（Z軸）方向に移動します。

●図2-4-3　スクリプトの実行

※再生ボタンを押した際に「All compier errors have to fixed before you can enter playmode!（実行する前に全てのコンパイルエラーを修正する必要があります。）」と表示されることがあります。このエラーは、そのシーン内でコンポーネントとして使用しているスクリプト以外にも、プロジェクト内にある全てのスクリプトが対象となり警告されます。実行対象以外のスクリプトがエラーして実行できない場合は、いったんそのスクリプトのすべての文をコメント化にして回避する方法があります。具体的には「　/*　すべての文　*/　」とします。

（2）実行の終了：再度、再生ボタンをクリックすると終了し、シーンビューに戻ります。

第3章　データの型と変数

3.1　データの型

　データには、1.23のような数値や"こんにちは"のような文字列などの種類があり、データの特性とコンピューターの記憶方法・処理方法を考慮して、いくつかのデータの記録形態があります。これらのデータの記憶形態をデータの**型**といいます。主なデータの型を次に示します。

●表3-1-1　主なデータの型

分類		型名	値の範囲など
論理型		bool	true あるいは false
整数型		int	$-2{,}147{,}483{,}648 \sim 2{,}147{,}483{,}647$
		long	$-9{,}223{,}372{,}036{,}854{,}775{,}808 \sim 9{,}223{,}372{,}036{,}854{,}775{,}807$
		byte	$0 \sim 255$
実数型	浮動小数点型	float	約 $\pm 1.5 \times 10^{-45} \sim \pm 3.4 \times 10^{38}$、有効桁数6～9桁
		double	約 $\pm 5.0 \times 10^{-324} \sim \pm 1.7 \times 10^{308}$、有効桁数15～17桁
	十進浮動小数点型	decimal	約 $\pm 1.0 \times 10^{-28} \sim \pm 7.9 \times 10^{28}$、有効桁数28～29桁
文字型		char	文字，シングルクォーテーション（'）で囲む
文字列型		string	文字列，ダブルクォーテーション（"）で囲む

　boolはtrue（真）またはfalse（偽）の値を持ち、一般にデータや処理の特定の状態を表す際に使用します。intは整数のデータを取り扱うときに使用します。大きい数量の整数ではlongを使用します。実数（小数点付き数値）は精度の高いdouble型と精度が低いfloatがあります。一般に計算に使用する場合はdoubleを使います。Unityではゲームオブジェクトの位置を表す座標の値はfloatを使用します。名前などの文字列を扱う際にはstringを使用します。

　整数型、実数型は記憶できる範囲があるので注意します。その上限を超えることを**オーバーフロー**、下限を超えることを**アンダーフロー**といいます。いずれも正しい処理結果を得ることができません。

　上表のようにあらかじめ用意されている型を**組み込み型**といい、ユーザーが作成した型を**ユーザー定義型**といいます。

≪問題3-1≫
次のデータを記憶します。どの型がふさわしいか解答群から1つ選び解答欄に書きなさい。

No	データ	解答群	解答欄
1	年齢（例：21歳）	bool, int, float, string	
2	氏名（例：鈴木太郎）	bool, long, double, string	
3	身長（例：165.3cm）	bool, int, float, string	
4	資格の有無	bool, long, double, string	

3.2 リテラル

3.2.1 リテラルの種類と型

数値583.24や文字列"Hello"などのデータを直接書いたものを**リテラル**といいます。主なリテラルを次に示します。

●表3-2-1　主なリテラル

分類		例	備考
論理値リテラル		true, false	bool型
整数リテラル		123, -65	原則int型、int型の範囲外はlong型
実数リテラル	一般的表現	3.14, -0.05	double型
	サフィックス付	0.05f, 7.6d, 12.3m	末尾にfあるいはFをつけるとfloat型 末尾にdあるいはDをつけるとdouble型 末尾にmあるいはMをつけるとdecimal型
	指数表現	-1.52e3 8.57e-6	-1.52×10^3 の意味、eあるいはEを使用 8.57×10^{-6} の意味
文字リテラル		'a', 'あ'	シングルクォーテーション（'）で囲む
文字列リテラル		"Hello", "富士山"	ダブルクォーテーション（"）で囲む

整数は原則int型として扱われ、int型の値の範囲を超えた整数はlong型とみなされます。また、実数は原則double型として扱われます。例えば、1は整数（int型）ですが、1.0は実数（double型）となります。スクリプトを書くときは、いつも整数と実数を意識しましょう。

上記の表のうち、サフィックスと指数表現については次項で詳しく説明します。

3.2.2 サフィックス

数値の末尾にfなどを付けてデータの型を表すものを「リテラルの**サフィックス**」といいます。例えば、3.14は通常double型で扱われますが、それをfloat型で扱う場合は3.14fとします。サフィックスは大文字、小文字どちらでもかまいません。主なサフィックスを次に示します。

●表3-2-2 主なサフィックス

型名	サフィックス	例
int	なし	0, 123
long	l あるいはL	10500l, 853L
float	f あるいはF	0.0f, 5.67f, 0.07F
double	d あるいはD	0.003d, 563.8D
decimal	m あるいはM	58.3m, 492.37M

3.2.3 指数表現

とても大きな値あるいは小さい値を示す場合には、指数表現を使うと便利です。次の例のようにeまたはEを使って、10のべき乗によって表記します。

$123000000 = 1.23 \times 100000000 = 1.23 \times 10^8 = 1.23e8$ （あるいは1.23E8）

$0.0000456 = 4.56 \times 0.00001 = 4.56 \times 10^{-5} = 4.56e-5$ （あるいは4.56E-5）

≪問題3-2≫

次の設問にふさわしいリテラルあるいは指数表現を解答欄に書きなさい。

No	設問	解答欄
例	long型の預金残高574500円	574500L
1	float型のX座標の値2.3	
2	int型の得点68点	
3	double型のセンサーの値1.23	
4	測定値0.00865の指数表現	

【演習3-1】ゲームオブジェクトの移動（リテラル版）

Unity編9.1.1～9.1.2の解説に従い、サンプルスクリプトを作成しなさい。また、サンプルスクリプトの後に用意されている実験を行い、さらに理解を深めましょう。

3.3 変数

3.3.1 変数の宣言

データを記録する入れ物を**変数**といいます。変数を使用するには、事前に変数名を付けて宣言します。これにより変数名を使ってデータをメモリー領域に記録したり、その値を読み出すことができます。その書式を次に示します。なお、書式中の [ ] は省略が可能であることを示します。

●書式1
```
型名　変数名　[= 初期値];
```

●書式2
```
var　変数名　= 初期値;
```

●例1
```
int count;
```

●例2
```
int myAge = 15;     暗黙の型指定の場合  var myAge 15;
```

●例3
```
float rate = 0.75f;    暗黙の型指定の場合  var rate = 0.75f;
```

●例4
```
string message = "Hello!";    暗黙の型指定の場合  var message = "Hello!";
```

例1のように変数を宣言する際にはデータの型を指定します。また、例2、3のように初期値を設定することもできます。変数に値を格納することを「代入する」といいます。記号「=」にはその右項の要素の値を左項の変数に代入する機能があります。これを**代入演算子**といいます。

●図3-3-1　代入

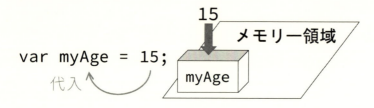

例4のように文字列の値はダブルクォーテーション（"、double quotation mark、二重引用符）で囲みます。ダブルクォーテーションを全角にしないよう気をつけます。ダブルクォーテーションで囲まれた文字列を途中で改行することはできません。

　例2、3、4のように初期値から変数の型が推論できる場合、または厳密なデータの型を考える必要がない場合は、varキーワードを使い、変数を定義することができます。varは初期値からデータの型を推論し、自動的に変数に型を指定します。これを「暗黙の型指定」といいます。例えば、初期値が整数の場合はint型（またはlong型）、実数の場合はdouble型、文字列の場合はstring型が指定されます。もちろん、例3のように初期値にfなどのサフィックスを付した場合は、そのサフィックスが表すデータの型が指定されます。なお、varはローカル変数（後述）にのみ使用できます。変数を宣言するタイミングは、原則としてその変数が必要になったその直前とします。

3.3.2　変数の上書き及び暗黙的な型変換

　変数の値は書き換えることができます。例1のとおり、先に変数に値が格納されていても、その後に別の値を代入すると上書きされて値が変更されます。しかし、例2のようにデータの型が異なる値で上書きする場合、原則としてエラーとなります。ただし、例3のように暗黙的な（特に宣言などをしないで行うという意味）型変換が可能な場合は、代入された側の型に従い格納されます。原則として型の精度が低い方から高い方への暗黙的な型変換は可ですが、その逆は不可です。暗黙的な型変換ができる型の対応を次に示します。

●例1
```
var a = 3;
var b = 5;
a = b;      ※aの値は5に上書きされます。
```

●例2
```
var a = 3;
a = "abc";
```
※int型のaに型が異なる文字列を代入したため、エラーとなります。

●例3
```
var a = 3;
var x = 0.0;
x = a;    ※xはdouble型であるため、代入されたaの値3は3.0へ型変換されます。
a = x;    ※double型の値0.0はint型へ暗黙的な型変換はされず、エラーとなります。
```

●表3-3-1　暗黙的な型変換ができる主な型

変換元	変換先
byte	int、long、float、double、decimal
char	int、long、float、double、decimal
int	long、float、double、decimal
long	float、double、decimal
float	double

【演習3-2】ゲームオブジェクトの移動（変数版）
Unity編9.1.3の解説に従い、サンプルスクリプトを作成しなさい。また、サンプルスクリプトの後に用意されている実験を行い、さらに理解を深めましょう。

3.3.3　明示的な型変換（キャスト）

　前節ではデータの型の精度が高い方から低い方へは代入できませんでした。しかし、例えばdouble型で複雑な計算式を使って座標の値を計算し、その結果をゲームオブジェクトのfloat型の座標値に代入したい場合があります。このようなときには、意図的に型変換する**キャスト**という方法を用います。その書式を次に示します。

●書式

(型名) 変数名

●例
```
double x = 2.5;
int a = 0;
a = (int)x;
```
※double型の値2.5はint型に変換され、2となります。

キャストは変換する型を直接指定するため、「明示的な型変換」といいます。なお、キャストは組み込み型の型変換に用い、クラスなどの型変換にはas演算子を用います（後述、★6.13.3）。

3.3.4　変数の型指定の意義

変数に型が指定されていることにより、コンピューターが確保すべきメモリー領域の大きさがわかります。例えば、整数型なら32ビットなどと、使用するメモリー容量を計算することが可能となります。

また、プログラムのエラーチェックにも役立てることができます。例えば、整数型の変数に実数型の数値を代入する処理や、数値と文字を対象として計算するなど、論理的におかしいものをチェックし、エラーや警告としてプログラマーに知らせることができます。プログラムを作成する際、手順だけでなくデータの型にも留意するようにしましょう。

3.3.5　変数のスコープ

下図の変数aのようにクラスのブロック内で宣言された変数を**フィールド**（または**メンバー変数**）といい、変数b、cのようにメソッドのブロック内で宣言した変数を**ローカル変数**といいます。また、変数dのようにif文やfor文（後述）などのブロック内で宣言された変数を**ブロック変数**といいます。変数はそれが宣言された位置により有効範囲が異なります。この有効範囲を**スコープ**といいます。変数のスコープはその変数が宣言されているブロック内となります。

●図3-3-2 スコープ

```
public class クラス名 : MonoBehaviour
{
    private int a = 0;    ←フィールド

    void Start ()
    {
        var b = 0;    ←ローカル変数
        a = b + …    ←a利用可
    }

    void Update ()
    {
        var c = 0;    ←ローカル変数
        c = a + …    ←a,c利用可,b利用不可
        if (…)
        {
            var d = 0;    ←ifブロック内のみ有効
            d = a + c + …
        }
        d利用不可
    }
}
```

（1） この例において、classの前にある「public」や変数aの前にある「private」は**アクセス修飾子**と呼ばれ、そのアクセス範囲を指定するものです。主なアクセス修飾子を次に示します。

・public：すべてのクラスからアクセスできます。

・private：同じクラス内からのみアクセスできます。

（2） 変数aはフィールドです。メソッドStartやUpdateからアクセスできます。

（3） 変数bはローカル変数です。メソッドStart内からアクセスできますが、他のメソッドからはアクセスできません。

（4） 変数cはbと同様にメソッドUpdate内のみアクセスできます。

（5） 変数dはブロック変数です。if文（後述）のブロック内のみアクセスできます。

　変数を使用する際には、変数の有効範囲だけでなく、利用できる範囲にも留意する必要があります。変数を操作できるのは、その変数に値が設定された後からになります。次の例1は正しく動きますが、例2、3はエラーとなります。

●例1
```
var z = 0.1f;
transform.Translate(0.0f, 0.0f, z);
```

●例2
```
transform.Translate(0.0f, 0.0f, z);
var z = 0.1f;
```

●例3
```
var z;
transform.Translate(0.0f, 0.0f, z);
z = 0.1f;
```

【演習3-3】ゲームオブジェクトの自転（変数版）
Unity編9.2.1〜9.2.2の解説に従い、サンプルスクリプトを作成しなさい。また、サンプルスクリプトの後に用意されている実験を行い、さらに理解を深めましょう。

3.3.6　名前付けのガイドライン

【A】名前付けのガイドライン（識別子全般）

　変数などを区別するためにつける名前のことを**識別子**といいます。変数名は変数につけた識別子です。C#の識別子の規則は自由度が高く漢字なども使えますが、ここでは一般的な慣習[1]を踏まえ、次のルールに従い識別子を命名することを推奨します。

(1) 半角英数字、アンダースコア（_）以外は使わないようにします。例：× `top-score`
(2) 先頭文字は数字にしてはいけません。例：× `5times`
(3) 原則英単語を使用し、日本語のローマ字表記などは避けます。スペルミスに注意しましょう。なお、スペルミスがあるとき、「typo（typographical errorの略）がある」ということがあります。
　　　例：○ `name`、× `namae`、× `devide`
(4) 英単語を原則省略しないで使用します。例：○ `report`、× `rpt`
ただし、ローカル変数でその使用範囲が非常に狭い場合には、省略した短い名前を用いてもかまいません。
　　　例：`mspos`　（mousePositionの略）
(5) 大文字と小文字は区別されますが、それを使って名前を区別してはいけません。
　　　例：× `angle`と`Angle`を別な変数として用いない。
(6) データの型（例えばint）やサフィックス（例えばf）を名前の前につけてはいけません。
　　　例：× `intCount`、× `fAngle`
(7) 予約語（下表のとおりC#であらかじめ用意している命令など）と同じものは使用できません。

---

1. 参考文献： Microsoft Docs, フレームワーク デザインのガイドライン, 名前付けのガイドライン, https://docs.microsoft.com/ja-jp/dotnet/standard/design-guidelines/naming-guidelines ／ D. Boswell, T. Foucher, 角征典訳, リーダブルコード, オーム社, 2012. ／ 電通国際情報サービス監修, 向山隆行 他, C#ルールブック, 技術評論社, 2011.

●表3-3-2 主な予約語一覧

abstract	as	base	bool	break	byte
case	catch	char	checked	class	const
continue	decimal	default	delegate	do	double
else	enum	event	explicit	extern	FALSE
finally	fixed	float	for	foreach	goto
if	implicit	in	int	interface	internal
is	lock	long	namespace	new	null
object	operator	out	override	params	private
protected	public	readonly	ref	return	sbyte
sealed	short	sizeof	stackalloc	static	string
struct	switch	this	throw	TRUE	try
typeof	uint	ulong	unchecked	unsafe	ushort
using	using static	virtual	void	volatile	while

（8）アンダースコアなどで単語を分けてはいけません。例：× user_name
（9）命名される対象の役割を表す名前を付けます。
　　例：○ angle（角度のデータを格納する変数名）

【B】名前付けのガイドライン（変数及びフィールド）

　変数とフィールドについて、識別子全般のルールに加えて推奨する命名のルールを次に示します。

（1）原則英単語の名詞または名詞句を使用します。ただし、bool型で特定の状態を表す名前はC#編6.4.2「bool型戻り値のメソッド名に関するガイドライン」に準じます。
（2）先頭文字は英字小文字で、2つ以上の単語が続くときは先頭以降の各単語の最初の文字を大文字とし、それ以外を小文字にします。このような書き方を**Camel形式**といいます。※フィールド名については一部例外があります。★6.3
　　例：○ userName、× USERNAME
※なお、Camel形式に対して、各単語の最初の文字を大文字とし、それ以外を小文字に記す書き方を**Pascal形式**といいます。例：ScaleRange

≪問題3-3≫

変数名、データの型、初期値に適合するよう変数の宣言を解答欄に書きなさい。なお、対象はローカル変数とし、varを積極的に用いるものとします。

60　第3章　データの型と変数

No	変数名	データの型	初期値	解答欄
例	myAge	int	15	var myAge = 15;
1	score	int	50	
2	name	string	鈴木太郎	
3	answer	double	なし	
4	z	float	0	
5	point	Vector3	x,y,zすべて0	

3.4 文字列補間

　計算結果などを出力するとき、文字列と変数の値を結合したい場合があります。ここでは**文字列補間**という便利な方法を使います。その書式を次に示します。

●書式

```
$"[文字列]{変数名[,最小表示桁数][:書式指定文字列]}・・・"
```

●例

```
var a = 12.3456;
var str1 = $"答は{a}です。";         ※str1の値は「答は12.3456です。」
var str2 = $"答は{a:F2}です。";      ※str2の値は「答は12.35です。」
var str3 = $"答は{a,10:F2}です。";   ※str3の値は「答は     12.35です。」
```

　$の後に二重引用符で囲んだ文字列を書きます。変数は{ }で囲みます。数値は次に示す書式指定子を使って表示を制御します。最小表示桁数を指定した場合、指定した桁数より値の桁数が小さければ、その前方に空白が挿入され、大きい値の場合は指定した桁数は無視され、その値の桁数となります。桁数指定が正の場合は右揃えとなり、負の場合は左揃えとなります。

●表3-4-1　主な書式指定子

書式指定子	機能	使用例と処理結果	
F あるいは f	固定小数点表記、小数部の桁数指定	$"{x:F2}"	x = 12.345の場合 12.35（四捨五入）
E あるいは e	指数表記、小数部の桁数指定	$"{x:E3}"	x = 0.00012345の場合 1.235e-004（四捨五入）
C あるいは c	通貨表記	$"{x:C}"	x = 1234567の場合 ¥1,234,567
P あるいは p	パーセント表記	$"{x:P2}"	x = 0.12345の場合 12.35%（四捨五入）

　なお、二重引用符で囲まれた文字列の中に二重引用符や改行コードなど特別な文字あるいは制御コードを挿入する場合は次の表のとおり書きます。このように、規定した文字の並びにより特殊な文字などを表示するものを**エスケープシーケンス**といいます。

●表3-4-2　主なエスケープシーケンス

特殊な文字	書式	使用例と処理結果	
二重引用符	\"	$"名前は\"ポチ\"です。"	名前は"ポチ"です。
円記号またはバックスラッシュ	\\	$"\\File\\abc.doc"	\File\abc.doc
キャリッジ リターン	\r	$"こんにちは。\r\nポチです。"	こんにちは。 ポチです。
改行	\n		
左中括弧	{{	$"{{123}}"	{123}
右中括弧	}}		

≪問題3-4≫

変数名、変数の値、処理結果にふさわしい文字列補間を解答欄に書きなさい。

No	変数名	変数の値	処理結果	解答欄
例	name	田中	私は田中です。	$"私は{name}です。"
1	city	京都	ここは京都です。	
2	a b	12 987	← 8桁 →← 8桁 → 　　　12　　　987	
3	answer	98.765	答え=98.8	
4	aspect	0.65432	比率65.4%	
5	city temp	京都 23.8	都市：京都 気温：24度	

【演習3-4】ゲームオブジェクトの移動（Vector3版）

Unity編9.1.4〜9.1.5の解説に従い、サンプルスクリプトを作成しなさい。また、サンプルスクリプトの後に用意されている実験を行い、さらに理解を深めましょう。

問題の解答

≪問題3-1≫

No	データ	解答群	解答欄
1	年齢（例：21歳）	bool, int, float, string	int
2	氏名（例：鈴木太郎）	bool, long, double, string	string
3	身長（例：165.3cm）	bool, int, float, string	float
4	資格の有無	bool, long, double, string	bool

≪問題3-2≫

No	設問	解答欄
例	long型の預金残高574500円	574500lまたは 574500L
1	float型のX座標の値2.3	2.3fまたは2.3F
2	int型の得点68点	68
3	double型のセンサーの値1.23	1.23 または1.23d、1.23D
4	測定値0.00865の指数表現	8.65e-3または8.65E-3

≪問題3-3≫

No	変数名	データの型	初期値	解答欄
例	myAge	int	15	var myAge = 15;
1	score	int	50	var score = 50;
2	name	string	鈴木太郎	var name = "鈴木太郎";
3	answer	double	なし	double answer;
4	z	float	0	var z = 0.0f;
5	point	Vector3	x,y,zすべて0	var point = new Vector3(0.0f,0.0f,0.0f);

※ fはFでも可

≪問題3-4≫

No	変数名	変数の値	処理結果	解答欄
例	name	田中	私は田中です。	$"私は{name}です。"
1	city	京都	ここは京都です。	$"ここは{city}です。"
2	a	12	← 8桁 →← 8桁 → 　　　12　　　987	$"{a,8}{b,8}"
	b	987		
3	answer	98.765	答え=98.8	$"答え={answer:F1}"
4	aspect	0.65432	比率65.4%	$"比率{aspect:P1}"
5	city	京都	都市：京都 気温：24度	$"都市：{city}¥r¥n気温：{temp:F0}度"
	temp	23.8		

第4章　計算

4.1 算術演算子

4.1.1 基本的な算術演算子

　C#では数値データに対し、数学と同様に「+」などの記号によりたし算などの計算ができます。計算に使う「+」などの記号を**算術演算子**といいます。主な算術演算子を次に示します。一部、数学と表記が異なるものがあります。

●表4-1-1　主な算術演算子

分類	算術演算子	例	備考
たし算（加算）	+	a + 100	例のアルファベットは変数、以下同様
ひき算（減算）	-	a - b	
かけ算（乗算）	*	2 * c	星印（アスタリスク）を用いる
わり算（除算）	/	d / e	斜線（スラッシュ）を用いる
割った余り（剰余）	%	20 % 7	20÷7＝2 余り6、よって計算結果は6

計算における留意点を次に示します。

（1）計算の優先順位：計算式の中に括弧や演算子が複数ある場合は、数学の計算の優先順位と同様に、括弧内の式、乗算・除算、加算・減算の順に、同レベルの算術演算子は左側から順に計算されます。

●例1
```
var a = 1 + 2 * 3;    ※aの値は7
```

●例2
```
var a = (1 + 2) * 3;  ※aの値は9
```

（2）計算式のデータの型：計算対象の変数及びリテラルの型には誤差を少なくするためにdouble型を推奨します。
（3）剰余の符号：計算で得られる余りの符号は割られる側の符号と同じになります。

●例
```
var a = -20 % 7;    ※aの値は-6
```

(4) 実数の剰余：C#では実数の剰余も定義されています。例えば、x=12.3、y=4.6としx%yを計算する場合、まず、|x| / |y|以下で最も大きい整数nを求めます。例では2となります。剰余の値は|x| - n * |y|として求めます。例では、12.3-2*4.6 =3.1となります。符号はxの符号と同じになります。

(5) 整数型同士のわり算：その結果は整数型になります。

●例1
```
var a = 1;
var b = 2;
double x = a / b;
```

※xがdouble型であっても、整数同士のわり算の結果は0.5ではなく整数型の0となっているため、xの値は0.0になります。0.5を得たい場合は、キャストで明示的な型変換を行い計算します。

●例2
```
var x = (double)a / b;
```

※変数aがdouble型になるので、double型の計算が行われ、わり算の結果は0.5となります。

(6) ゼロ除算：整数のわり算において、割る方の値がゼロの場合、スクリプトのエラーはありませんが、実行するとUnity側で実行時エラーが生じます。また、実数のゼロ除算では、エラーせずに無限大の値を得ます。

●例1
```
var a = 5;
var b = 0;
var c = a / b;    ←実行時にエラーして停止します。
```

●例2
```
var x = 5.0;
var y = 0.0;
var z = x / y;    ←エラーせずに実行され、zには無限大の値（Infinity）が代入されます。
```

(7) 型の異なる計算：精度の高い方に合わせて計算されます。ただし、暗黙的な型変換がなされるときに限ります。

●例
```
double x = 1 / 2.0;
```

※2.0がdouble型であるため、int型の1は暗黙的にdouble型の1.0へ型変換されます。そして、double型同士のわり算として計算されるので、xの値は0.5となります。

(8) 型の記憶範囲を超える場合：エラーが生じたり、正しい値を得ることができなくなります。

●例1
```
var a = 2147483600 + 50;
```

※int型同士のたし算において計算結果はint型の範囲を超えてしまうので、オーバーフローのエラーが表示されます。

●例2
```
var a = 2147483600;
var b = a + 50;
```

※bの値は-2147483646となり、オーバーフローにより正しい結果を得ることができません。

(9) 丸め誤差：コンピューターの内部では、有限個の2進数の集まりで数値を表現しているため、実数の計算において丸め誤差が生じることがあります。

●例
```
var a = 1 / 3.0m;
var b = a * 3;     ※bの値は0.9999999999999999999999999999
```

(10) 文字列に作用する「+」演算子：演算対象のすべてあるいは一部が文字列の場合、数値は文字列として扱われ、文字列同士を連結します。

●例
```
var s = 1 + "2"
```

※int型の1は暗黙的にstring型へ変換され、sの値は"12"となります。数値3とはなりません。

【演習4-1】ゲームオブジェクトの移動（算術演算子版）
Unity編9.1.6の解説に従い、ゲームオブジェクトの移動のサンプルスクリプトを作成しなさい。

【演習4-2】ゲームオブジェクトの自転（算術演算子版）
Unity編9.2.3の解説に従い、ゲームオブジェクトの自転のサンプルスクリプトを作成しなさい。

4.1.2　インクリメント演算子・デクリメント演算子

　数を数える処理を行うとき、変数の値を1ずつ増やす、あるいは1ずつ減らすという場合があります。その際に便利な演算子が**インクリメント演算子・デクリメント演算子**です。

≪インクリメント演算子≫　変数の値を1増やす計算を行います。

●書式1
```
++変数名
```

　「++」を変数の前に置くものを**前置インクリメント演算子**といいます。

●書式2
```
変数名++
```

　変数の後に置くものを**後置インクリメント演算子**といいます。

≪デクリメント演算子≫　変数の値を1減らす計算を行います。

●書式1
```
--変数名    ※前置、後置についてはインクリメント演算子と同様。
```

●書式2
```
変数名--
```

●例1
```
var i = 123;
++i;
a = i;    ※aの値は124となります。
```

●例2
```
int i = 1;
int a = ++i;
```
※iに1が加算され、iは2となり、その値がaに代入され、aは2となります。

●例3
```
int i = 1;
int a = i++;
```
※先にiの値がaに代入され、aは1となり、その後iには1が加算され、iは2となります。

　例1のようにインクリメント演算子・デクリメント演算子を単独で使う場合は特に前置演算も後置演算も同じですが、例2、3のように他の演算子と一緒に使う際には前置・後置の違いで計算結果が異なりますから、留意する必要があります。

4.1.3　複合代入演算子

　計算と代入の機能を合わせ持つ代入演算子を**複合代入演算子**といいます。次の例のとおり、たし算と代入が複合した演算子などが用意されています。

●書式

変数名　複合代入演算子　値または変数名；

●例
```
var a = 7;
a += 3;
```
※現在のaの値7に3を加えた計算結果10を再びaに代入します。

　主な複合代入演算子を次に示します。

●表4-1-2　主な複合代入演算子

機能	複合代入演算子	例
たし算（加算）と代入	+=	var a = 7; a += 3;

ひき算（減算）と代入	-=	var a = 8;
		var b = 2;
		a -= b;

かけ算（乗算）と代入	*=	var a = 7; a *= 3;

わり算（除算）と代入	/=	var a = 8;
		var b = 2;
		a /= b;

割った余り（剰余）と代入	%=	var a = 11; a %= 3;

【演習4-3】テキストボックス

Unity編8.1.4〜8.1.5の解説に従い、サンプルスクリプトを作成しなさい。

【演習4-4】ゲームオブジェクトの回転

Unity編9.3の解説に従い、サンプルスクリプトを作成しなさい。また、サンプルスクリプトの後に用意されている実験を行い、さらに理解を深めましょう。

4.2 マジックナンバーの回避

4.2.1 マジックナンバー

次の文は何を表しているかわかりますか？

●例1
```
var a = 5.0 * 3.0;
```

●例2
```
var drawLen = len / 48.0;
```

例1は四角形の面積を計算するスクリプトの一部です。5.0と3.0はどれが底辺でどれが高さかわかりません。例2は特定の物体の長さを1/48に縮尺して描画処理を行うスクリプトの一部です。例1、2に記述された数字は、作成者以外の他のプログラマーにはどのような意味があるのか理解することは困難です。このような数字を**マジックナンバー**といいます。マジックナンバーは理解が困難なだけでなく、スクリプト内にこの値が多数記述されている場合には、値を修正する際にも多大な労力が必要となりますし、未修正や修正ミスによる間違いの原因にもなります。マジックナンバーを回避するには、次の例のようにわかりやすい名前を付けた変数を利用する方法や次項で学ぶ定数や列挙型を用いる方法があります。

●例1 改良
```
var base = 5.0;
var height = 3.0;
var areaSquare = base * height;
```

4.2.2 定数

特定な値に名前をつけ、その値が更新されないようにしたものを**定数**といいます。例えば、消費税率0.08を「Tax」という名前の定数にします。なお、数値123や文字列"Hello"などは定数と区別するためリテラルまたは**直定数**といいます。定数は変数に初期値を設定したものに似ていますが、一度初期化したらその値を変更することはできません。これは変更される危険がなく安全に格納されていることを意味します。定数の書式を次に示します。

●書式1
```
[アクセス修飾子] static readonly 型名 定数名 = 値;
```

●書式2

```
[アクセス修飾子] const 型名 定数名 = 値;
```

●例1

```
public static readonly double Scale = 48.0;    ※定数フィールドとして定義
var drawingLength = originalLength / scale;
```

●例2

```
const double LeftMargin = 25.0;
width = body + LeftMargin;
```

　一般にクラスのブロック内の定数はstatic readonllyを使い定義します[1]。定数名はPascal形式とします。メソッドのブロック内しか使わないローカルな定数の場合には書式2のconstを使用します。なお、constで使用できるデータの型はdoubleなどの数値型、bool型、string型（System.Objectを除く組み込み型）で、クラスなどは指定できません。

　マジックナンバーを定数に置き換えることで、その意味が定数名から類推でき理解しやすくなります。また、同じマジックナンバーがスクリプト内に複数点在している場合には、定数により1箇所に集約して管理できるため、更新時1箇所のみ修正するだけで済み、効率的で修正ミスなどの間違いも低減できます。

　なお、次のように明らかに意味がわかるリテラルの場合は定数にはしません。

●例

```
second = minute * 60;  (1分=60秒の関係を使った演算)
```

4.2.3　列挙型

　例えば、曜日を表す「日、月、火、……」、大きさを表す「Large, Medium, Small」、信号機の色を表す「赤、青、黄色」など、関連性のある定数のまとまりを扱う場合は**列挙型**が適しています。その書式を次に示します。

●書式

```
enum 列挙型名
{
    列挙子1,
    列挙子2,
    ....
```

---

[1]. 定数のバージョニング問題及びプログラミング初級者は const と readonly を区別して使用することが難しいことを考慮し、ここでは readonly の使用を推奨します。バージョニング問題については次のサイトを参考にしてください。参考文献： Microsoft Docs, C#プログラミングガイド, 定数, https://docs.microsoft.com/ja-jp/dotnet/csharp/programming-guide/classes-and-structs/constants

```
    列挙子n
}
```

●例
```
enum ItemSize
{
    Large,
    Medium,
    Small
}
ItemSize myItemSize = ItemSize.Small;
myItemSize = 5;    ※エラーします。
int size = (int) myItemSize;
```

　列挙型は名前空間あるいはクラス・構造体（後述）のブロック内に定義します。列挙型で使用する定数を**列挙子**といいます。列挙子には0から始まる整数（int型）が割り当てられます。すなわち、上記の例ではRed=0, Blue=1, Yellow=2となります。0以外から始めたい場合は、例えば「Red = 1」とし、それ以降は指定した整数からの連番となります。また、同様に先頭以外の列挙子に整数を指定することができます（例：Red = 1, Blue = 10, Yellow = 100）。列挙型名、列挙子はPascal形式とします。列挙子をアクセスするには「列挙型名.列挙子」（例：ItemSize.Small）と記述します。このような「.（ドット）」のことを**メンバーアクセス演算子**といいます。

　上記の例のとおり、列挙型で定義された変数には列挙子のみ代入でき、それ以外が代入されるとエラーが発生します。列挙型は予期せぬ値の変更を回避でき、安全性が高いといえます。なお、列挙型をint型に型変換するには明示的にキャストする必要があります。★3.3.3

4.3 数学関数

　平方根や三角関数などの数学的な計算を行うには、数学関数を利用します。主な数学関数を次に示します。なお、数学関数を使う際にはSystemをusingディレクティブに指定します。

●表4-3-1　主な数学関数及び定数

機能	書式
絶対値 |x|	Math.Abs(数値)
四捨五入	Math.Round(数値，桁数，MidpointRounding.AwayFromZero)
切り上げ	Math.Ceiling(数値)
切り捨て	Math.Floor(数値)
累乗 x^y	Math.Pow(底，指数)
平方根 $\sqrt{x}$	Math.Sqrt(数値)
三角関数 sin x	Math.Sin(数値)
三角関数 cos x	Math.Cos(数値)
三角関数 tan x	Math.Tan(数値)
自然対数 ln x	Math.Log(数値)
対数 $\log_a x$	Math.Log(数値，底)
定数π（3.14...）	Math.PI

●例　$\sqrt{(x^2+y^2)}$の計算

```
using System;
var x = 12.345;
var y = 6.78;
var d = Math.Sqrt(Math.Pow(x,2) + Math.Pow(y,2));
```

IIIIIIIIIIIIIIIIIIIIIIIIIIIIIIIIIIIIIIIIIIIIIIIIIIIIIIIIIIIIIIIIIIIIIIIIIIIIIIIIIIIIIIIIIIIIIIIIIIIIIII

【演習4-5】ゲームオブジェクトの拡大・縮小

Unity編9.4の解説に従い、サンプルスクリプトを作成しなさい。また、サンプルスクリプトの後に用意されている実験を行い、さらに理解を深めましょう。

IIIIIIIIIIIIIIIIIIIIIIIIIIIIIIIIIIIIIIIIIIIIIIIIIIIIIIIIIIIIIIIIIIIIIIIIIIIIIIIIIIIIIIIIIIIIIIIIIIIIIII

4.4 乱数

Random.Range命令により、指定した範囲の乱数を得ることができます。

●書式
```
Random.Range(最小値, 最大値)
```

●例1
```
float randomValue = Random.Range(-1f, 1f);
```

●例2
```
int randomInt = Random.Range(0, 10);
```

　例1のとおり、最小値、最大値の末尾にサフィックスfをつけると乱数は実数型（float型）となります。この例では、-1.0～1.0の範囲のfloat型の乱数を取得します。実数の場合は最小値≦乱数≦最大値となります。

　例2のとおり、最小値、最大値を整数にすると乱数は整数型（int型）となります。この例では、0～9の範囲のint型の乱数を取得します。整数の場合は最小値≦乱数＜最大値となり、最大値は含まれません。

　次のエラーが表示されることがあります。

　「エラーCS0104：'Random'は'UnityEngine.Rondom'と'System.Rondom'間のあいまいな参照です。」

　このエラーはSystemとUnityEngineがusingディレクティブに指定されているときに発生します。双方のライブラリーにRandomという同じ名前が登録されているためです。この場合、UnityEngine.Randomの使用を推奨します。次のとおり記述し、エラーを回避します。

```
UnityEngine.Random.Range(・・・)
```

||||||||||||||||||||||||||||||||||||||||||||||||||||||||||||||||||||||||||||||||||||||||||||||||||||||||||||
【演習4-6】ゲームオブジェクトの位置
Unity編9.5の解説に従い、サンプルスクリプトを作成しなさい。また、サンプルスクリプトの後に用意されている実験を行い、さらに理解を深めましょう。
||||||||||||||||||||||||||||||||||||||||||||||||||||||||||||||||||||||||||||||||||||||||||||||||||||||||||||

5

第5章　制御文

5.1 選択文

　プログラムに記述された命令文は原則として上から下へ順番に実行されます。複雑な処理では入力されたデータや計算結果などに応じて特定の命令文を選択して実行したり、特定の命令文を繰り返し実行するなど、文の実行順序を制御する必要があります。これらを実現するために、C#には**選択文**、**繰り返し文**、**ジャンプ文**などの制御文が用意されています。ここでは制御文の使い方を学びます。

5.1.1　if文

　if文は条件を判断し、それに応じた処理を選択します。つまり、下図のようにプログラムの流れを2つに分岐したり、3つ以上に分岐（多分岐）することができます。if文の書式を次に示します。なお、条件はそれを満たしたときtrueの値を持ち、そうでなければfalseの値を持ちます。

●書式1

```
if（条件）
{
    条件を満たしたときに
    行う処理
}
```

※条件を満たさない場合は何もしない。

●例1
```
if (a > b)
{
    x = 1;
}
```

●図5-1-1 if文 書式1

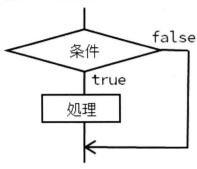

●書式2
```
if (条件)
{
    条件を満たしたときに
    行う処理A
}
else
{
    条件を満たさないときに
    行う処理B
}
```

●例2
```
if (a > b)
{
    x = 1;
}
else
{
    x = -1;
}
```

●図5-1-2　if文 書式2

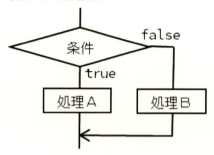

●書式3
```
if (条件1)
{
    条件1を満たしたときに
    行う処理A
}
else if (条件2)
{
    条件1以外で、条件2を
    満たしたときに行う処理B
}
else
{
    条件1でも条件2でも
    ないときに行う処理C
}
```

●例3
```
if (a > b)
{
```

```
    x = 1;
}
else if (a < b)
{
    x = -1;
}
else
{
    x = 0;
}
```

●図5-1-3　if文 書式3

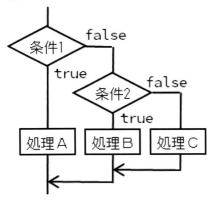

※else以降を省略することも可。if文の中にif文があるようなものを「if文の**ネスト**（nest）」といいます。

　条件で使う記号「>」などを**関係演算子**といいます。また、条件1かつ条件2、条件1あるいは条件2という場合、「かつ」「または」を表す演算子を**論理演算子**といいます。これらの演算子の一覧を次表に示します。

●表5-1-1　関係演算子と論理演算子

意味	関係演算子	例	
等しい	==	if (a == b){　}	もしaとbが等しいなら{　}を実行する
等しくない	!=	if (a != b){　}	もしaがbと等しくないなら{　}を実行する
以上	>=	if (a >= b){　}	もしaがb以上なら{　}を実行する
より大きい	>	if (a > b){　}	もしaがbより大きいなら{　}を実行する
以下	<=	if (a <= b){　}	もしaがb以下なら{　}を実行する
より小さい	<	if (a < b){　}	もしaがbより小さい（未満）なら{　}を実行する
意味	論理演算子	例	
～でない（否定）	!	if (!z){　}	もしbool型変数zがtrueでないなら{　}を実行する
～かつ～（論理積）	&&	if (a >= b && c == 0){　}	もしaがb以上で、かつcが0と等しいなら{　}を実行する
～または～（論理和）	||	if (a == b || c < d){　}	もしaとbが等しい、またはcがd未満なら{　}を実行する

「a + b」や「a > 0」などリテラル、変数、演算子、関数が組み合わされたものを**式**といいます。式は評価（計算）されて特定の値を持ちます。その値を「返す」とも表現します。

●例
```
var a = 1;
var b = 2;
① a        ※この式の値は1です。
② a + b    ※この式の値は3です。
③ a = 5;   ※この式の値は5です。
④ a > 0    ※この式の値は trueです。
```

変数のみの式は例①のとおり変数に格納されている値を返します。算術演算子の式は例②のとおりその計算結果を返します。代入演算子の式は例③のとおり代入した値を返します。関係演算子や論理演算子の式は例④のとおり条件を満たすときtrue（真）を、そうでないときはfalse（偽）を返します。if文の条件部分には一般に関係演算子及び論理演算子を含んだ式を書きます。

≪問題5-1≫
次の設問にふさわしいif文を解答欄に書きなさい。

No	設問	解答欄

例	もし速度sが100より小さいなら、エネルギーeに3.0を代入する。そうでなければ何もしない。	`if (s < 100)`
		`{`
		`    e = 3.0;`
		`}`

1	もし速度sが0未満ならsに0を代入し、そうでなければ何もしない。	
2	もし位置pが0以上なら、作業エリアwにpを代入する。そうでなければwに-pを代入する。	
3	変数a、b、c、dがあり、もしaとbの和がcと等しいなら、dに1を加える。そうでなければdから1を減ずる。	

【演習5-1】ゲームオブジェクトの向き

Unity編9.6の解説に従い、サンプルスクリプトを作成しなさい。また、サンプルスクリプトの後に用意されている実験を行い、さらに理解を深めましょう。

if文に関する留意点を次に示します。

（1）思考と同じ表現：例えば「速度sは100と等しいか」という条件において、「if (100 == s)」（100は速度sと等しいか）と書くのは不自然です。調査対象は速度sであり、比較対象は100ですから、人間の思考に合わせて「if (s == 100)」と書きます。原則として、左辺に調査対象、右辺に比較対象とします。ただし、ある値が範囲内にあるかを判断する場合は、次のような書き方が思考に近い表現といえます。

第5章 制御文 | 85

●例
```
if (minimum <= result && result <= maximum)
```

(2) 算術演算子を含んだ条件：条件の中に算術演算子を書くことができます。

●例
```
if (a + b > c)
```

(3) 否定の条件：一般に否定の条件はわかりにくいので、原則として肯定の条件を書きます。

●例
```
×  if (!(a < b))
○  if (a >= b)
```

(4) bool型の変数：条件の中の変数がbool型の場合は、次のとおり関係演算子を使わずに書きます。

●例
```
var p = true;
×  if (p == true){ }
○  if (p){ }
```

(5) 中括弧の省略：ブロック（中括弧）内の文が1つである場合は中括弧を省略することができます。また、改行せずに書くこともできます。しかし、可読性が著しく良くなるとき以外は、原則省略してはいけません。中括弧の省略はトラブルの元になることがあります。

●例
```
if (a > b) w = a;
else       w = b;
```

(6) 実数の比較：実数型（double型など）の値は直接「等しい」「等しくない」を判断してはいけません。なぜなら実数の値には丸め誤差などを含んでいるからです。そこで、|a-b|<εとして比較対象となる2つの実数の差の絶対値が誤差の許容範囲ε（Epsilon、イプシロンと読みます）より小さければ、近似的に等しいと判断することにします。εの値はその状況に応じて設定します。

●例
```
const double Tolerance = 1e-5; // 許容範囲
var a = 0.33333333;
var b = 1.0/3;
×  if (a == b)
```

○ `if (Math.Abs(a - b) < Tolerance)`　　※Math.Absは絶対値を得る数学関数です。

(7) 特定範囲を3つ以上分割して処理する場合：例えば、得点sが80点以上ならランクrを"A"に設定し、80点未満60点以上ならrを"B"、それ以外（60点未満）ならrを"C"に設定する処理ならば、次の例のとおり書式3を使って、if文の条件は範囲の値が大きい方（あるいは小さい方）から順番に書いていきます。

●例
```
if (s >= 80)
{
    r = "A";
}
else if (s >= 60)   ←80未満60以上の意
{
    r = "B";
}
else
{
    r = "C";
}
```

例には「80点未満60点以上」の条件の箇所に「60点以上（s >= 60）」としか条件が記述されていない点に着目してください。これは前段階の条件「s >= 80」のelseはそれ以外、つまりs < 80（80点未満）という意味があるからです。よって、「s < 80」を記述する必要はありません。

(8) if文のネスト：if文の中にif文を書く場合は原則として書式3のようにelse節（elseのブロック）にネストします。原則、次のようにif節にネストしてはいけません。複数の条件を満たした際に処理が実行されるようになり、スクリプトの解読が困難になるからです。

●悪い例
```
if (条件1)
{
    if(条件2)
    {
        条件1と条件2を満たした際に行う処理
    }・・・・・
```

≪問題5-2≫
次の設問にふさわしいif文を解答欄に書きなさい。

第5章　制御文　87

No	設問	解答欄
| 例 | もし速度sが100より小さいなら、エネルギーeに3.0を代入する。そうでなければ何もしない。 | ```
if (s < 100)
{
    e = 3.0;
}
``` |
1	もしエネルギーeが5以上なら状態sに"A"を代入し、eが5未満3以上ならsに"B"を代入し、eが3未満ならsに"C"を代入する。	
2	もし速度sが100以下、かつエネルギーeが50未満なら、ステージ番号nに3を代入する。そうでなければ何もしない。	
3	もしxとyが等しければ、表示文字列tに"OK"を代入し、そうでなければtに"NG"を代入する。ただし、x、yはdouble型で値が設定されており、誤差の許容範囲は解答欄に記述されている定数Toleranceを使用するものとする。★5.1.1(6)	`const double Tolerance = 1e-5;`

【演習5-2】ボタン

Unity編8.2の解説に従い、サンプルスクリプトを作成しなさい。また、サンプルスクリプトの後に用意されている実験を行い、さらに理解を深めましょう。

【演習5-3】ドロップダウン（if-else版）

Unity編8.3の解説に従い、サンプルスクリプトを作成しなさい。また、サンプルスクリプトの後に用意されている実験を行い、さらに理解を深めましょう。
```

5.1.2　switch文

次の例のように、条件に関係演算子「==（等しい）」を用い、3以上の選択を行う場合には、switch文を使うと便利です。下表の左欄のif文と右欄のswitch文は同じ処理内容です。

●表5-1-2　if文とswitch文

if文	switch文
```\nif (a == 1)\n{\n aが1の場合の処理A\n}\nelse if (a == 2)\n{\n aが2の場合の処理B\n}\nelse if (a == 3)\n{\n aが3の場合の処理C\n}\nelse\n{\n aが上記以外の場合の処理D\n}\n```	```\nswitch (a)\n{\n case 1:\n aが1の場合の処理A\n break;\n case 2:\n aが2の場合の処理B\n break;\n case 3:\n aが3の場合の処理C\n break;\n default:\n aが上記以外の場合の処理D\n break;\n}\n```

●書式1

```
switch(条件)
{
    case 値1:
        条件=値1の場合の処理
        break;
    case 値2:
        条件=値2の場合の処理
        break;
    case ･････
        ･････
    case 値n:
        条件=値nの場合の処理
        break;
```

```
        default:
            上記以外の場合の処理
            break;
}
```

switch文は条件と等しいcaseの値を見つけ、そのcase句の処理を実行します。等しい値がない場合はdefault句の処理を実行します。

通常、case句の末尾には必ずbreakを書きます。ただし、case句の値がOR条件であるときは、次のように書くことが許されています。これを**フォールスルー**といいます。

●書式2
```
switch(条件)
{
    case 値1:
    case 値2:
        ・・・・・
    case 値n:
        条件=値1 or 値2 or・・・or値nの場合の処理
        break;
    case 値n+1:
        ・・・・・
    case 値m:
        条件=値n+1 or・・・or値mの場合の処理
        break;
    default:
        上記以外の場合の処理
        break;
}
```

【演習5-4】ドロップダウン（switch版）
Unity編8.3.4の解説に従い、サンプルスクリプトを作成しなさい。また、サンプルスクリプトの後に用意されている実験を行い、さらに理解を深めましょう。

5.1.3 条件演算子

C#には、選択処理を行う**条件演算子**というものがあります。条件演算子の書式を次に示します。

●書式
```
条件 ? trueのときに返す値 : falseのときに返す値;
```

●例1
```
var a = 3;
var b = 5;
var x = a > b ? a - b : b - a;    ※xには絶対値 |a-b| が代入されます。
```

●例2
```
var x = a > b ? 1;    ※エラー
```

●例3
```
var x = a > b ? 1.0 : -1;    ※エラー
```

　例2のようにif文のelse節（elseのブロック）に相当する部分を省略することはできません。例3ではtrueのとき1.0（double型）、falseのとき-1（int型）を返す文となっています。返す値はtrue、false双方の場合とも同じ型でなければなりません。そうでないときは明示的にキャストして整えます。

　選択処理は原則としてif文を使用し、条件演算子は簡潔に書けて読みやすくなるときだけに使いましょう。

【演習5-5】キーボード入力
Unity編10.1の解説に従い、サンプルスクリプトを作成しなさい。また、サンプルスクリプトの後に用意されている実験を行い、さらに理解を深めましょう。

【演習5-6】マウスボタン入力
Unity編10.2の解説に従い、サンプルスクリプトを作成しなさい。

【演習5-7】ゲームオブジェクトの色
Unity編9.7の解説に従い、サンプルスクリプトを作成しなさい。

5.2 繰り返し文

5.2.1 for文

あらかじめ繰り返し回数が定まっている場合は、for文を使います。その書式を次に示します。

●書式
```
for (初期化子; 条件; 反復子)
{
    処理
}
```

繰り返しの制御の流れを**ループ**といいます。for文の括弧内は、**初期化子**、**条件**、**反復子**の3つのセクションに分かれています。初期化子にはループ前に必要なループカウンターの初期化などを書きます。**ループカウンター**（あるいは**ループ制御変数**）とは、例1の変数iのようにループを制御するための変数をいいます。条件は繰り返しを継続する式を書きます。反復子にはループ末尾で行うループカウンターの増減（例：i++）などを書きます。

●図 5-2-1　for文

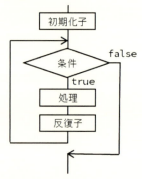 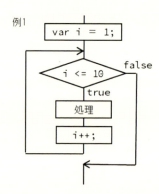

●例1
```
for (var i = 1; i <= 10; i++) {処理}
```

●例2
```
for (var i = 10; i >= 1; i--) {処理}
```

●例3
```
for (var i = 0; i <= 20; i += 5) {処理}
```

●例4
```
for (var i = 1; i <= 9; i++)
{
    for (var j = 1; j <= 9; j++)
    {
        処理
    }
}
```

　例1は、変数iを1から10まで1ずつ加算しながら、for文のブロック内の処理を10回繰り返します。例2は、変数iを10から1まで1ずつ減算しながら、for文のブロック内の処理を10回繰り返します。例3は、変数iを0、5、10、15、20と5ずつ加算しながら、for文のブロック内の処理を5回繰り返します。例4は、まず変数iを1に初期設定後、変数jを1から9まで1ずつ変化させて、そのブロック内の処理を9回繰り返します。内側のfor文が終了すると、外側のfor文のiが2となり、先と同様に内側のfor文を実行します。これをiが9になるまで繰り返します。よって、forの内側にある処理は9×9＝81回繰り返されることになります。このようにfor文の中にfor文があることを「for文のネスト」といいます。

≪問題5-3≫

次の設問にふさわしいfor文を解答欄に書きなさい。

No	設問	解答欄
例	ループカウンターをiとし、初期値を1、1ずつ増加し、10以下の間繰り返す。	for (var i = 1; i <= 10; i++) { 処理 } （反復子：または++i）
1	ループカウンターをiとし、初期値を0、1ずつ増加し、10未満の間繰り返す。	
2	ループカウンターをiとし、初期値を5、1ずつ減少し、-5以上の間繰り返す。	
3	ループカウンターをiとし、初期値を0、2ずつ増加し、10以下の間繰り返す。	

　for文に関する留意点を次に示します。

(1) for文の使用：for文はその文の直前において繰り返し回数がわかる場合に使用します。

（2）ループカウンターの変数名：慣例としてi、j、kが使われます。

（3）ループカウンターの有効範囲：for文で定義したループカウンターの有効範囲（スコープ）は、for文の括弧内の初期化・条件などの部分及びfor文のブロック内で有効です。for文の外側からはアクセスできません。

（4）ループカウンターの宣言の位置：for文のループカウンターをfor文の外側で宣言してはいけません。for文の外部から変更され、トラブルの元になる可能性があります。

●悪い例
```
int i;
for (i = 0; i < 10; i++) {処理}
```

（5）ブロック内でのループカウンターの変更：ループカウンターの値をfor文の内部で変更してはいけません。for文の先頭の1行のみでループカウンターが管理できるメリットが失い、トラブルの元になる可能性があります。

●悪い例
```
for (var i = 0; i < 10; i++)
{
    （中略）
    if (a < 0) i = 10;
}
```

（6）実数のループカウンター：ループカウンターをfloatやdoubleなどの小数点がある型で宣言してはいけません。実数のループカウンターの値には誤差があります。そのため繰り返し回数は予期した回数にならないことがあります。

●悪い例
```
for (var x = 0.0; x < 10.0; x += 0.1) {処理}
```

（7）実行されないfor文：ループカウンターの初期値が条件を満たしていない場合は1度も実行されません。

●誤った例
```
for (var i = 10; i < 10; i++) {処理}
```

（8）無限ループ：ループカウンターの更新に関わらず条件をいつも満たす場合は永遠にループを行います。このようなループを**無限ループ**といいます。ループカウンターの初期値、条件、ループカウンターの増減には十分注意しましょう。

●無限ループの例

```
for (var i = 10; i > 5; i++) { 処理 }
for (var i = 0; i < 5; i--) { 処理 }
```

|||||||||||||||||||||||||||||||||||||||||||||||||||||||||||||||||||||||||||||||||||
【演習5-8】プレハブの複製（for版）
Unity編9.8.1～9.8.3の解説に従い、サンプルスクリプトを作成しなさい。また、サンプルスクリプトの後に用意されている実験を行い、さらに理解を深めましょう。
|||||||||||||||||||||||||||||||||||||||||||||||||||||||||||||||||||||||||||||||||||

5.2.2　配列の利用

　for文の機能をさらに活かすためには、これまで学んだ変数名を付けて管理するというデータ格納方法だけでは十分ではありません。ここで、1000人の名前を扱うことを考えます。1000個の変数name0001、name0002、……、name999、name1000を宣言し、1000人分の処理をスクリプトに記述します。しかし、これは現実的には困難でしょう。そこで、下図のように同じ型の変数が多数ある場合、これらに0から始まる番号を付けて管理します。これを**配列**といいます。配列を構成している個々の変数を配列の**要素**といい、要素に付けた番号を**インデックス**といいます。

●図5-2-2　配列

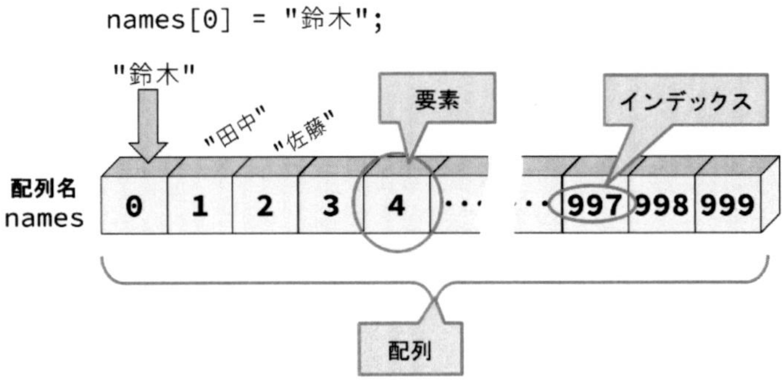

```
            names[0] = "鈴木";

   "鈴木"      "田中" "佐藤"       要素              インデックス
     ↓
配列名   ┌───┬───┬───┬───┬───┐        ┌───┬───┬───┐
names   │ 0 │ 1 │ 2 │ 3 │ 4 │ ……   │997│998│999│
        └───┴───┴───┴───┴───┘        └───┴───┴───┘
                          _____/
                                      配列
```

　配列の書式を次に示します。

●書式1
```
型名[] 配列名 = new 型名[配列の長さ];
```

●書式2
```
型名[] 配列名 = {初期値,・・・};
```

●書式3
```
var 配列名 = new[] {初期値,・・・};   ※ローカル変数のみ
```

●例1
```
string[] names = new string[1000];
```

●例2
```
int[] ages = {18, 17, 22, 19};
```

　型名に鍵括弧[]をつけ、配列を表します。配列名は名詞複数形とするか、接尾辞Listなどを付けたものにします。例1は書式1による配列の宣言です。配列の長さは配列に格納できる要素数を表します。インデックスは0から始まるため、長さnの配列には0～n-1までのインデックスが付けられます。この例では0～999となります。例2は書式2による初期値を設定した配列です。配列の長さは初期値の数で決まります。ローカル変数の配列の場合は書式3のようにvarが利用できます。

●例3
```
names[0] = "北海太郎";
var firstElement = names[0];
```

●例4
```
int[] ages = {18, 17, 22, 19};
for (var i = 0; i < ages.Length; i++)
{
        Debug.Log(ages[i]);
}
```

　配列の要素は、例3のように配列名の後にインデックスを付けて区別してアクセスします。
　例4はfor文による配列の使用例です。配列の長さは配列名.Length（この例ではages.Length）で求めることができます。一般に配列要素をアクセスする際には、ages[i]のようにループカウンターをインデックスとして使用します。例文にあるDebug.LogはUnityエディターの【コンソール】ウインドウにデータを表示する命令です。ここでは配列ages[0]～ages[3]の値、すなわち18、17、22、19が表示されます。
　配列を使用する際には、インデックスが配列の範囲を超えないようにします。例えば、配列の長さが4の場合はインデックスの範囲は0～3となります。4や-1など範囲を超えた場合は実行時エラーとなります。
　表のように縦横に2次元のデータがあるものは、2次元配列で扱うことができます。その書式と簡単な例を次に示します。

●書式1
```
型名[,] 配列名 = new 型名[要素数1, 要素数2];
```

●書式2
```
型名[,] 配列名 = {{初期値00,初期値01,・・・}, {初期値10,初期値11,・・・}・・・};
```

●例1
```
int[,] myTable = new int[3, 2];
```

●例2
```
int[,] myTable = {{0, 1}, {10, 11}, {20, 21}};
```

5.2.3 foreach文

foreachは配列の要素の値を順番に取り出す命令です。その書式を次に示します。

●書式
```
foreach (var 変数名 in 配列名) {処理}
```

次のfor文とforeach文の例は、同じ処理内容となります。

●表5-2-1　for文とforeach文

for文	foreach文

`var ages = new[] { 18, 17, 22, 19 };`
`for (var i = 0; i < ages.Length; i++)`
`{`
`    Debug.Log(ages[i]);`
`}`
	`var ages = new[] { 18, 17, 22, 19 };`
	`foreach (var age in ages)`
	`{`
	`    Debug.Log(age);`
	`}`

　foreachは配列の要素の値を順番に指定した変数に代入し、これを配列の末尾の要素まで繰り返します。上記の例では、変数ageにages[0]〜ages[3]まで順次代入され、繰り返し処理が行われます。ループカウンターを使用しない点に特徴があります。当然ループカウンターに関わるミスも回避できます。

【演習5-9】プレハブの複製（配列版）

Unity編9.8.4の解説に従い、サンプルスクリプトを作成しなさい。また、サンプルスクリプトの後に用意されている実験を行い、さらに理解を深めましょう。

5.2.4 while文

あらかじめ繰り返し回数が定まっていない場合は、while文を使用します。指定した条件を満たす間、繰り返す処理です。while文の書式を次に示します。

●書式
```
while (条件)
{
    処理
}
```

●例
```
while (total < Limit) { 処理 }
```

※ totalがLimitより小さい間、繰り返します。

●図5-2-3　while文

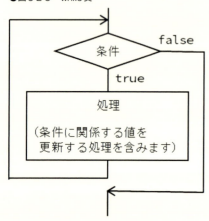

while文は条件を満たす間ブロック内の処理を繰り返します。そして、繰り返される処理において条件に関する値が更新され、いつしか条件がfalseになりループを終了します。

≪問題5-4≫

次の設問にふさわしいwhile文を解答欄に書きなさい。

No	設問	解答欄
例	変数totalが定数Limitより小さい間、繰り返す。	while (total < Limit) { 処理 }
1	変数inputIDが定数Targetと等しくない間、繰り返す。	
2	int型変数inputDataが負の場合にループを終える。	
3	変数aとbの差の絶対値が定数Toleranceより大きい間、繰り返す。ヒント：絶対値の計算にはMath.Absを使う。★4.3	

【演習5-10】入力フィールド（線形探索版）

Unity編8.4の解説に従い、サンプルスクリプトを作成しなさい。ここでは線形探索というアルゴリズム（処理手順）も学びます。

5.3 ジャンプ文

5.3.1 break文とcontinue文

　for文やwhile文において、初期値化子、条件、反復子によりループを制御することが原則ですが、場合により特定の条件を満たしたときループを終了したり、ループ内の一部の処理をスキップしたいことがあります。break文は下左図のとおり一般にif文と一緒に用いてループを終了する命令です。また、continue文は下右図のとおりこの文以降からループ末尾までの文を中断（スキップ）する命令です。continue文をスキップしてもfor文の反復子は実行され、ループは継続されます。

●図5-3-1　break文とcontinue文

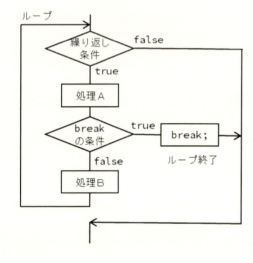
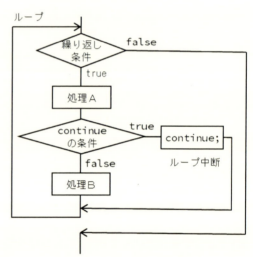

```
            breakの例                          continueの例
while (total < Limit)             for (var i = 0; i < 10; i++)
{                                 {
    処理A                              if (power < 0)
    if (existsError) break;           {
    処理B                                  処理A
}                                         continue;
                                      }
                                      処理B
                                  }
```

5.3.2　return文

メソッドにおいても、途中で処理を終了したいことがあります。return文は下図のとおりメソッドを終了する命令です。その書式を次に示します。

●書式
```
return [戻り値];      ※戻り値については後述（★6.4.1）
```

●例
```
if (timer > 0.0) return;
```

●図5-3-2　return文

returnの制御の流れ

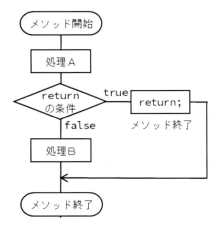

5.3.3 ガード節

　if-else文のブロック内の処理の性質や重みが異なる場合について考えてみます。下表のパターン1はif節（ifブロック内）とelse節（elseブロック内）の処理の重み（性質・特殊性・実行頻度など）がほぼ同じであり、パターン2は正常処理と特殊処理（正常時以外の処理、頻度が低い処理など）で重みが異なっています。パターン1のようにいずれも正常処理であって、どちらを選択するかという場合にはif-elseで記述します。しかし、パターン2の場合には、パターン2'（修正版）のように条件を否定に直し特殊処理を先に選別して処理し、その後return文で終了します。このように、処理する必要がなくなったら早めにメソッドを終える処理部分を**ガード節**といいます。パターン2'（修正版）ではガード節により正常処理をifブロックから外すことができました。ガード節は、正常処理と特殊処理の重みを読み手に伝えることができ、可読性向上に寄与します。

```
        パターン1                パターン2              パターン2'
                                                    （ガード節による修正）

if (条件)                    if (条件)               if(!条件)
{                            {                      {
    正常処理A                    正常処理                   特殊処理
}                            }                          return;
else                         else                   }
{                            {
    正常処理B                    特殊処理                正常処理
}                            }
```

　繰り返し文においても、同様にガード節を適用することができます。その例を次に示します。

```
  for文ブロック内のif文        ガード節による修正

for (・・・)                  for (・・・)
{                            {
    if (条件)                     if (!条件)
    {                             {
        正常処理                       特殊処理
    }                                 continue;
    else                          }
    {
        特殊処理                   正常処理
    }                         }
}
```

【演習5-11】パーティクルシステム
Unity編11.1の解説に従い、サンプルスクリプトを作成しなさい。

問題の解答

≪問題5-1≫

No	設問	解答欄

例	もし速度sが100より小さいなら、エネルギーeに3.0を代入する。そうでなければ何もしない。	```if (s < 100)
		{
		    e = 3.0;
		}```

1	もし速度sが0未満ならsに0を代入し、そうでなければ何もしない。	```if (s < 0)
		{
		    s = 0;
		}```

2	もし位置pが0以上なら、作業エリアwにpを代入する。そうでなければwに-pを代入する。	```if (p >= 0)
		{
		    w = p;
		}
		else
		{
		    w = -p;
		}```

3	変数a、b、c、dがあり、もしaとbの和がcと等しいなら、dに1を加える。そうでなければdから1を減ずる。	```if (a + b == c)
		{
		    ++d; (またはd++;)
		}
		else
		{
		    --d; (またはd--;)
		}```

≪問題5-2≫

No	設問	解答欄
| 例 | もし速度sが100より小さいなら、エネルギーeに3.0を代入する。そうでなければ何もしない。 | ```
if (s < 100)
{
    e = 3.0;
}
``` |
| 1 | もしエネルギーeが5以上なら状態sに"A"を代入し、eが5未満3以上ならsに"B"を代入し、eが3未満ならsに"C"を代入する。 | ```
if (e >= 5)
{
    s = "A";
}
else if (e >= 3)
{
    s = "B";
}
else
{
    s = "C";
}
``` |
| 2 | もし速度sが100以下、かつエネルギーeが50未満なら、ステージ番号nに3を代入する。そうでなければ何もしない。 | ```
if (s <= 100 && e < 50)
{
    n = 3;
}
``` |
| 3 | もしxとyが等しければ、表示文字列tに"OK"を代入し、そうでなければtに"NG"を代入する。ただし、x、yはdouble型で値が設定されており、誤差の許容範囲は解答欄に記述されている定数Toleranceを使用するものとする。★5.1.1(6) | ```
const double Tolerance = 1e-5;
if (Math.Abs(x - y) < Tolerance)
{
    t = "OK"
}
else
{
    t = "NG";
}
``` |

≪問題5-3≫

No	設問	解答欄
例	ループカウンターをiとし、初期値を1、1ずつ増加し、10以下の間繰り返す。	for (var i = 1; i <= 10; i++) { 処理 } 　　　（反復子：または++i）
1	ループカウンターをiとし、初期値を0、1ずつ増加し、10未満の間繰り返す。	for (var i = 0; i < 10; i++) { 処理 } 　　　（反復子：または++i）
2	ループカウンターをiとし、初期値を5、1ずつ減少し、-5以上の間繰り返す。	for (var i = 5; i >= -5; i--) { 処理 } 　　　（反復子：または--i）
3	ループカウンターをiとし、初期値を0、2ずつ増加し、10以下の間繰り返す。	for (var i = 0; i <= 10; i += 2) { 処理 }

≪問題5-4≫

No	設問	解答欄
例	変数totalが定数Limitより小さい間、繰り返す。	while (total < Limit) { 処理 }
1	変数inputIDが定数Targetと等しくない間、繰り返す。	while (inputID != Target) { 処理 }
2	int型変数inputDataが負の場合にループを終える。	while (inputData >= 0) { 処理 }
3	変数aとbの差の絶対値が定数Toleranceより大きい間、繰り返す。ヒント：絶対値の計算にはMath.Absを使う。★4.3	while (Math.Abs(a - b) > Tolerance) { 処理 }

第6章　オブジェクト指向の基礎

6.1 名前空間

　大規模なシステム開発において、従前のプログラミング言語（COBOL、Cなど）にはいくつかの課題が指摘されていました。そこで、ソフトウェアの生産性と保守性を向上するために、ソフトウェアの個々の部品（オブジェクト）に着目しそれらを組み上げてシステムを実現する**オブジェクト指向プログラミング言語**（C#、Javaなど）が開発されました。そして、この言語を利用したシステムの開発方法が考案され、オブジェクト指向はソフトウェアの総合的な開発技術となりました。オブジェクト指向プログラミング言語は、**カプセル化**、**継承**、**ポリモーフィズム**（多様性）という3つの特徴的な仕組みを持っています。この章では、その概念と基礎を学びます。

　C#プログラミングでは多数のクラスを作成してプログラムを作ります。関連があるクラスをグループ化し名前をつけたものを**名前空間**といいます。名前空間には主に次の役割があります。

（1） クラスを機能別など階層的にまとめて使いやすくできます。例えば、Unityのユーザーインターフェイスのクラス（TextやDropdownなど）は、名前空間「UnityEngine」のさらに下層の名前空間「UI（ユーザーインターフェイスの意）」にまとめられています。
（2） クラスの名前が重複しないように区分けすることができます。あるクラスの名前がすでに他で使われていても、名前空間が異なればその名前を使ってもかまいません。また、同じクラス名のものは名前空間名を付けて区別します。例えば乱数を発生させるクラスRandomは「System」と「UnityEngine」のどちらにも存在するため、System.RandomとUnityEngine.Randomとして区別します。なお、「UnityEngine.UI.Text」、「System.Random」のようにクラスの所属している名前空間も含めて全て記述したクラス名を**完全修飾名**といいます。
（3） クラスのスコープを制御することができます。

　名前空間の書式を次に示します。

●書式
```
namespace 名前空間名
{
    クラスなどの定義
}
```

●例
```
namespace AbcSoft.Security { (中略) }
```

　名前空間名は企業名別、組織名別、技術名別、機能別など階層的にグループ化することが推奨されています。推奨されている書式は、企業名.製品名または技術名[.機能名][.副名前空間名]です。名前空間名はPascal形式とします。

　階層になっている名前空間及びそのメンバーのアクセスには、**メンバーアクセス演算子**（.）を使用します。

●例
```
UnityEngine.UI.Text
```

　しかし、完全修飾名で記述するのは冗長に思えます。そこで**usingディレクティブ**という方法で名前空間名を省略することができます。その書式を次に示します。

●書式
```
using 名前空間名;
```

●例
```
using UnityEngine.UI;
private Text lowerSideTextBox;    ※Textの名前空間を省略できます。
```

　usingディレクティブはソースコードファイル（スクリプトファイル）の先頭あるいは名前空間の前に宣言します。usingディレクティブのスコープは同じファイル内に限定されます。

6.2 クラス

クラスは関連があるデータとその処理をまとめたものです。クラスは次のとおり定義します。なお、クラスのブロック内のフィールドやメソッドなどの要素を**メンバー**といいます。

●書式
```
[修飾子] class クラス名 [： 継承するクラス名]
{
    メンバー
}
```

●例1
```
public class Player
{
    （中略）
}
```

●例2
```
public class ExTranslate : MonoBehaviour
{
   void Start()
   {
       (中略)
   }
}
```

　例1は継承（後述）がないクラスの定義例です。例2はUnityにおいてゲームオブジェクトにアタッチするクラスで、継承がある例です。
　クラスは名前空間ブロック内で定義します（名前空間がない場合はusingディレクティブの後に定義します）。クラスで使用できる主な修飾子を次に示します。省略した場合はinternalとみなされます。

●表6-2-1　クラスで使用できる主な修飾子

修飾子	意味
public	すべてのクラスからアクセスできます。
internal	同じアセンブリ内のみアクセスできます。 ※アセンブリ内＝Unityのプロジェクト内
sealed	継承を禁止します。★6.13.4
abstract	抽象クラスにします。★6.14.2

　クラス名は名詞または名詞句を使用し、Pascal形式とします。Unityにおいて、ゲームオブジェクトにアタッチするクラスについては、クラス名とスクリプトファイル名は同じ名前である必要があります。同じでないとゲームオブジェクトに組み込むこと（アタッチ）ができません。また、継承するクラスは「MonoBehaviour（モノビヘイビア）」とします。これによりUnityのさまざまな機能を使用することができます。
　クラスを作成していくうちに文が増え、肥大してきたら要注意です。複数の部品（データや機能）が混在していないか改めて考えてみましょう。下図のとおり肥大化したクラスは複数の小さなクラスに分けることができないか検討します。

第6章　オブジェクト指向の基礎

●図6-2-1　肥大化したクラス

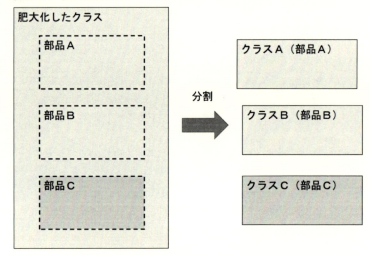

6.3 フィールド

フィールドはクラスで扱うデータを格納する変数で、**メンバー変数**ともいいます。その書式を次に示します。

●書式
```
[修飾子] 型名 フィールド名 [= 初期値];
```

●例
```
private double timer = 0.0;
```

フィールドはクラスまたは構造体（後述）のブロック内で宣言します。フィールドで使用できる主な修飾子を次に示します。省略した場合はprivateとみなされます。

●表6-3-1　フィールドで使用できる主な修飾子

修飾子	意味
public	すべてのクラスからアクセスできます。
private	同じクラスからのみアクセスできます。
readonly	読み取り専用フィールドに指定します。★4.2.2
static	クラスフィールド（静的フィールド）にします。★6.12
new	継承されたフィールドを隠蔽します。★6.13.2

原則publicは使用してはいけません（定数などの例外あり）。他のクラスからフィールドをアクセスしたい場合はプロパティ（後述）を使います。

●例
```
× public double Rate = 48.0;
○ public static readonly double Rate = 48.0;  ※定数
```

varによる暗黙の型指定はできません。フィールド名は名詞または名詞句を使用し、Camel形式とします。ただし、`public static`の場合はPascal形式とします。bool型で特定の状態を表すフィールド名はbool型のメソッドを参考にします（★6.4.2）。

フィールドは、一般に複数のメソッドからアクセスする必要がある場合、またはメソッドの有効期間より長くデータを保持する必要がある場合に利用します。後者の例としては、スクリプト「ExUITextBox」のフィールド「sumDistance」が該当します（★8.1.5）。メソッドUpdateの有効期間は描画の間のみですから、メソッドが終えるとそのブロック内の変数に格納した値は保持できま

せん。一方、フィールド「sumDistance」は値を保持し続けます。合計処理やタイマー処理などによく見られる定石のパターンです。

　また、UnityにおいてはUnityエディターでゲームオブジェクトとそれを操作するフィールドを関連付けて行うために、フィールドを使用することがあります。この例としてはスクリプト「ExUITextBox」のフィールド「[SerializeField] private Text lowerSideTextBox;」が該当します（★8.1.5）。

6.4 メソッド

6.4.1 メソッドのデータと処理の流れ

計算や動作を行うための命令文のまとまりを**メソッド**といいます。メソッドはどのように実行されるのでしょうか。たし算を行うメソッドを例に挙げ説明します。

●図6-4-1 メソッドのデータと処理の流れ

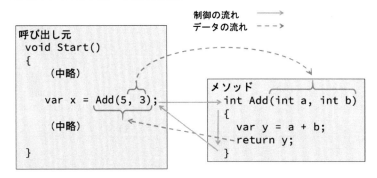

まず、上図の実線矢印（制御の流れ）に着目してください。呼び出し元（メソッドを使う側）では呼び出したい（実行したい）メソッド名Addを記述します。すると実行時には、この記述した場所から、メソッドAddに制御が移り、その処理を実行した後、再び呼び出し元に制御が戻ります。

次に破線矢印（データの流れ）に着目してください。メソッドの括弧内のデータを**パラメーター**、または**引数**（ひきすう）といいます。呼び出し元のメソッド側のパラメーターには渡したいデータ（計算してほしいデータ）を指定します。呼び出し元のパラメーターを**実引数**（じつひきすう）といいます。この例では実引数は5と3です。一方、呼び出されるメソッド側のパラメーターを**仮引数**（かりひきすう）といいます。呼び出されるメソッドAddは渡された実引数5と3を仮引数aとbで受け取ります。その後a+bの計算を行い、その結果8を変数yに代入します。return文はyの値を呼び出し元に返します。この値を**戻り値**（もどりち）または**返り値**（かえりち）といいます。戻された値はメソッドそのものの値となります。この例ではAdd(5, 3)の値が8となります。そしてメソッドの値を変数xに代入していますから、xの値は8となります。

メソッドの文が増えてきたら、複数の機能が混在していないか、重複した処理はないか検討してみましょう。下図のとおり、肥大化したメソッドを機能別に分割すると、スクリプトの可読性、保守性が良くなります。

●図6-4-2　肥大化したメソッドの分割

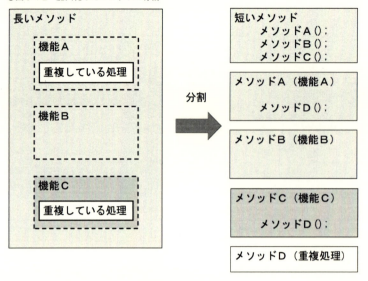

6.4.2　メソッドの定義

メソッドは次にとおり定義します。

●書式
```
[修飾子]　戻り値の型名　メソッド名([型名　パラメーター名,・・・])
{
    処理
    [return 戻り値;]
}
```

●例1：戻り値がある場合
```
private int Add(int a, int b)
{
    var answer = a + b;
    return answer;
}
```

●例2：戻り値がない場合
```
private void OutputLog(int n)
{
    Debug.Log(n);    ※nの値をUnityエディターのコンソールウインドウに表示する命令です。
}
```

●例3:パラメーターがない場合
```
private int GetDay()
{
  var day = DateTime.Now.Day;    ※実行時の日付を取得します。
  return day;
}
```

　メソッドはクラスまたは構造体（後述）のブロック内で定義します。戻り値は処理の結果をメソッドの呼び出し元へ返す値です。return文を使って戻り値を返します（例1）。戻り値を返さないメソッドは「return;」とするか、return文を省略します（例2）。return文を使用しない場合はブロックの末尾に制御の流れが到達したときにメソッドは終了します。メソッド名の前の型名は、戻り値の型とします。戻り値を返さない場合は「void」とします（例2）。
　パラメーターはメソッドが受け入れるデータです。メソッド名の後の括弧内にそれぞれ型名とパラメーター名をペアとして、コンマで区切り指定します。受け入れるデータが無く、パラメーターが不要の場合は括弧部分を空にします（例3）。パラメーター名はCamel形式とします。
　メソッドで使用できる主な修飾子を次に示します。省略した場合はprivateとみなされます。

●表6-4-1　メソッドで使用できる主な修飾子

修飾子	意味
public	すべてのクラスからアクセスできます。
internal	同じアセンブリ内のみアクセスできます。 ※アセンブリ内＝Unityのプロジェクト内
private	同じクラスからのみアクセスできます。
static	クラスメソッド（静的メソッド）にします。★6.12
new	継承されたメソッドを隠蔽します。★6.13.2
sealed	派生クラスでオーバーライドできないようにします。★6.13.4
virtual	派生クラスでオーバーライドできるようにします。★6.14.1
override	virtualメソッドをオーバーライドします。★6.14.1
abstract	抽象メソッドにします。★6.14.2

　メソッド名について、推奨する命名のルールを次に示します。
（a）原則、動詞原形＋名詞とし、Pascal形式で表します。例：RemoveGameObject
（b）bool型戻り値のメソッドは下表のガイドラインに従い命名します。

●表6-4-2　bool型戻り値のメソッド名に関するガイドライン

形式	意味	例
Is＋形容詞 （分詞の形容詞的用法含む）	その形容詞の状態であるか	IsActive（有効か） IsDestroyed（破棄されているか） IsRebuilding（再構築しているか）
Has＋過去分詞	その動詞の状態になったか（完了）	HasChanged（変更があったか）
Can＋動詞原形	その動詞のとおり実行可能か	CanRename（名前が変更できるか） CanBeActivated（起動が可能か）
動詞（三人称単数現在）	その動詞の状態にあるか	Exists（存在するか）
動詞（三人称単数現在）＋名詞	名詞がその動詞の状態にあるか	HasKey（キーがあるかどうか） ContainsValue（値が格納されているか）

（c）何かが起こった時に実行されるメソッドには、対象のイベント名の前にOnを付けます。

●例

OnDropdownValueChanged　※ドロップダウンの値が変更された際に実行されるメソッド

（d）変換を行うメソッドには、対象のオブジェクト名の前にToを付けます。

●例

ToString　※数値を文字列に変換するメソッド

≪問題6-1≫

次の設問にふさわしいメソッドを解答欄に定義しなさい。ただし、アクセス修飾子はpublicとprivateの2種類、パラメーターと戻り値の型はbool, double, stringの3種類に限定されているものとします。

No	設問	解答欄

例	アクセス：同じクラス
	メソッド名：GetArea
	パラメーター：直径（diameter）
	戻り値　面積（area）
		`private double GetArea(double diameter)`
		`{`
		`    .....`
		`    return area;`
		`}`

1	アクセス：同じクラス メソッド名：FindName パラメーター：ID番号（memberID） 戻り値　名前（name）	
2	アクセス：すべてのクラス メソッド名：ShowAnswer パラメーター：計算結果（answer） 戻り値：　なし	
3	アクセス：すべてのクラス メソッド名：IsActive パラメーター：アイテム名（itemName） 戻り値　検査結果（result）	

6.4.3　メソッドのオーバーロード

　同じクラス内に同じメソッド名で、パラメーターの数及び型が異なるメソッドを複数定義することができます。これをメソッドの**オーバーロード**といいます。Unityでも多く使われています。一例として、ゲームオブジェクトを移動するメソッドTranslateのオーバーロードを紹介します。

●例
```
transform.Translate(float x, float y, float z)
transform.Translate(Vector3 translation)     ※パラメーターの型の違い
transform.Translate(float x, float y, float z, Space relativeTo)     ※パラメーターの数の違い
```

　メソッド名とパラメーターの型名及びその並びの組み合わせを**シグネチャ**[1]といいます。例にある「double Add(double x, double y)」のシグネチャは「Add(double, double)」です。パラメーター名と戻り値の型はシグネチャからは除きます。オーバーロードするメソッドは、シグネチャが異なっていなければなりません。よって、パラメーターの名前だけが異なるものは不可です。また、戻り値の型だけが異なるものも不可です。

---

1. 正確には、文法的にオーバーロードされたメソッドを区別するために必要な情報をシグネチャといいます。

●例
```
元 public double Add(double x, double y)
× public double Add(double a, double b)    ※名前だけが異なる
× public int Add(double x, double y)    ※戻り値の型だけが異なる
○ public int Add(int x, int y)
```

　オーバーロードにより、パラメーターが異なる同様な処理に対して新たなメソッド名を割り当てずに済みます。また、複数の型を許容したり、型に応じた計算が可能となります。さらに省略可能なパラメーターがあるメソッドの場合にも便利です。オーバーロードは使いやすさ、生産性、可読性の改善に寄与します。

6.4.4　値渡しと参照渡し

　メソッドのパラメーターの受け渡しにおいて、値を渡す方法とアドレス（メモリー領域内のデータが記憶されている場所の番地）を渡す方法の2種類があります。データ交換処理を例に挙げ説明します。
　下図のとおり、変数a、bの記憶場所がメモリー領域に確保されています。変数aのアドレスは1234番地、変数bのアドレスは1238番地です。その記憶場所にそれぞれ整数3と5が格納されています。

●図6-4-3　値渡しと参照渡し

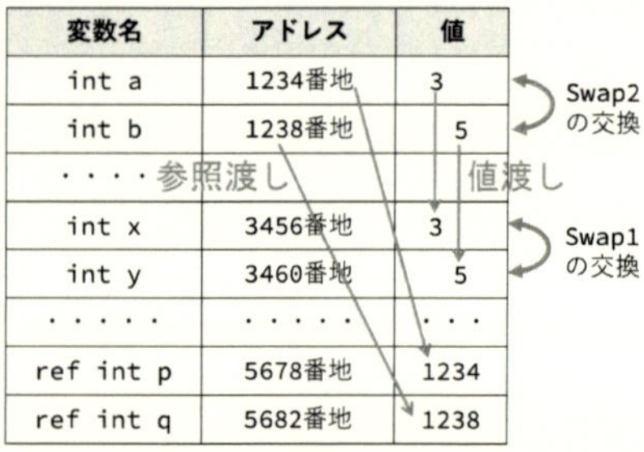

変数名	アドレス	値
int a	1234番地	3
int b	1238番地	5
・・・・	・・・・・	・・
int x	3456番地	3
int y	3460番地	5
・・・	・・・・・	・・
ref int p	5678番地	1234
ref int q	5682番地	1238

Swap2の交換
参照渡し　　値渡し
Swap1の交換

　この変数a、bの値を交換するために、次のとおり2つのメソッドを作成しました。なお、Swap2のrefキーワードを付した変数はそのアドレスを意味しています。

```
    void Swap1(int x, int y)
    {
      var tmp = x;
      x = y;
      y = tmp;
    }

    void Swap2(ref int p, ref int q)
    {
```

```
    var tmp = p;
    p = q;
    q = tmp;
}

void Start()
{
    int a = 3;
    int b = 5;
    Debug.Log($"Swap1処理前{a}, {b}");  // 表示結果3,5
    Swap1(a, b);
    Debug.Log($"Swap1処理後{a}, {b}");  // 表示結果3,5 交換されず
    Debug.Log($"Swap2処理前{a}, {b}");  // 表示結果3,5
    Swap2(ref a, ref b);
    Debug.Log($"Swap2処理後{a}, {b}");  // 表示結果5,3 交換完了
}
```

　Swap1は実際にはうまく交換できません。変数a、bの値はSwap1のパラメーターx、yにコピーされます。このようなパラメーターの渡し方を**値渡し**といいます。交換はこのx、yに対して行われ、a、bは変化しません。

　一方、Swap2では想定どおり交換ができます。refキーワードを使って変数a、bのアドレスをSwap2のパラメーターに渡しています。このような渡し方を**参照渡し**といいます。これにより、Swap2は呼び出し側の変数a、bの記憶場所を知っています。そのため、Swap2による変数p、qのアドレスにある値の交換は、呼び出し側の変数a、bの交換となります。

【演習6-1】衝突

Unity編12.1及び12.2.1～12.2.4の解説に従い、サンプルスクリプトを作成しなさい。また、サンプルスクリプトの後に用意されている実験を行い、さらに理解を深めましょう。

6.5 プロパティ

　オブジェクト指向以前のソフトウェア開発では、グローバル変数が問題となっていました。**グローバル変数**とは、すべてのクラスからアクセス可能なフィールドと考えていいでしょう。グローバル変数は、多くのプログラムがそれを使い、どのプログラムからもそれをアクセスし値を変更できるために、これによるバグ（bug、プログラムの間違い）も多く、検証することが困難でした。

　そこで、クラスの中にフィールドを閉じ込めて情報を隠蔽し、外部からアクセスする際にはメソッドを使って値の取得・変更を行うことが考案されました。フィールドの値を取得するものを**ゲッター**といい、フィールドに値を設定するものを**セッター**といいます。その両者を合わせて**アクセサー**ともいいます。

　しかし、この方法で情報隠蔽はできるものの、フィールドの数だけセッターとゲッターを記述することは見苦しく、その記述に労力もかかります。また、メソッドで値を扱うよりフィールドに代入する形式の方が直感的でわかりやすく便利です。そこで、クラス内部ではメソッドとしてフィールドをアクセスし、クラスを利用側からはフィールドを直接扱うように簡単にアクセスできる**プロパティ**という機能がC#に用意されました。

　プロパティの書式を次に示します。

●書式
```
[修飾子] 型名 プロパティ名
{
   [修飾子] get
   {
        値取得のための処理
        return 対象とするフィールド名;
   }
   [修飾子] set
   {
        値設定のための処理
        対象とするフィールド名 = value;
   }
}
```

●例
```
private int score = 0;     ※フィールド
public int Score     ※プロパティ
{
  get
```

```
    {
        return score;
    }
    set
    {
      score = value;
    }
}
```

　プロパティはクラスまたは構造体（後述）のブロック内で定義します。プロパティが読み取られる時にゲッター（get）が実行され、値が設定されるときにセッター（set）が実行されます。ゲッター、セッターどちらか一方を省略することができます。例えばセッターを省略すれば読み取り専用のプロパティとなります。

　ゲッターでは対象とするprivateなフィールドの値を返します。プロパティに代入された値はvalueキーワードに格納されます。セッターではvalueを使ってフィールドに値を設定します。セッターに初期値や入力データの正当性をチェックする処理などを加えることができます。アクセサーの修飾子は2つのアクセサーのうち、いずれか一方のみ指定できます。

　プロパティで使用できる主な修飾子を次に示します。省略した場合はprivateとみなされます。

●表6-5-1　プロパティで使用できる主な修飾子

修飾子	意味
public	すべてのクラスからアクセスできます。
internal	同じアセンブリ内のみアクセスできます。 ※アセンブリ内＝Unityのプロジェクト内
private	同じクラスからのみアクセスできます。
new	継承されたメンバーを隠蔽します。★6.13.2
virtual	派生クラスでオーバーライドできるようにします。★6.14.1
override	virtualプロパティをオーバーライドします。★6.14.1
abstract	抽象メンバーにします。★6.14.1

　プロパティ名は名詞、名詞句または形容詞を使用し、Pascal形式とします。bool型で特定の状態を表すプロパティ名はbool型のメソッドを参考にします（★6.4.2）。

　単純に値の取得と設定だけのアクセサーの場合は、**自動プロパティ**という機能が便利です。その書式を次に示します。フィールドも記述する必要がありません。自動で内部にフィールドを生成し、それを利用して処理しています。この自動で生成されたフィールドはプログラマーからは直接アクセスすることができません。

●書式

```
[修飾子] 型名 プロパティ名{ [get;] [set;] } [= 初期値];
```

●例

```
public int Score { get; set; } = 100;
```

6.6 コンストラクター

クラスが実際に使用される最初の時点で呼び出されるメソッドを**コンストラクター**といいます。コンストラクターは主にクラスに必要な前準備を行います。その書式を次に示します。

●書式
```
[修飾子] クラス名([型名　パラメーター名，・・・])
{
    処理
}
```

●例
```
public class Player      ←クラスの定義
{
  public string ID { get; set; }
  public string Name { get; set; }
  public Player(string id, string name)    ←コンストラクターの定義
  {
    ID = id;
    Name = name;
  }
    (中略)
}
```

主な修飾子はpublic、internal、staticなどです。コンストラクターの名前はクラスと同じでなければなりません。主にフィールド、プロパティの初期化を行います。戻り値はありません。コンストラクターの具体的な呼び出しの事例は次項のインスタンスで説明します。

なお、UnityのMonoBehaviourを継承したクラスには、コンストラクターを定義してはいけません。Unityが自動的に実行前の処理を行うからです。

6.7　インスタンス

　クラスはよく設計図に例えられます。設計図はモノではないので処理はできません。設計図から製品を製造してそれが機能することで仕事を行うことができます。クラスのままではコンピューターのメモリー領域に仕事をするための記憶場所が準備されていません。そこで設計図であるクラスの情報を基に、仕事を行うための記憶場所をメモリー領域に確保します[2]。この作業を**インスタンス化**といい、メモリー領域に展開された実行可能なものを**インスタンス**といいます。
　クラスからインスタンスを生成する書式を次に示します。インスタンス化するには**new演算子**を使います。

●書式1
```
クラス名 変数名 = new クラス名([パラメーター名, ・・・]);
```

●書式2
```
クラス名 変数名 = new クラス名 {[フィールドまたはプロパティ = 初期値, ・・・]};
```

●例1
```
Customer customerA = new Customer();
```

●例2
```
var customerB = new Customer();
```

●例3
```
Customer customerA = new Customer { Name = "大阪一郎", Age = 23 };
```

●例4：コンストラクターを使用した例
```
Player player = new Player("Z123", "北海太郎");
```

●例5：配列の場合
```
private Player[] players = new Player[]
{
  new Player("Z123", "北海太郎"),
  new Player("P456", "千葉花子"),
  new Player("A789", "大阪一郎")
```

---

2. インスタンスはヒープ領域と呼ばれるメモリー領域に生成されます。

```
};
```

　例1はもっとも基本的な定義例です。また、メソッド内であれば例2のようにvarキーワードが使用できます。例3はプロパティName、Ageが定義されているクラスにおいて、その初期値設定を行いインスタンス化している例です。例4は前節6.6のコンストラクター例の定義に従い、クラス名の後に実引数を指定しプロパティの初期値設定を行いインスタンス化している例です。例5はクラスの配列を定義した例です。

　クラスによりいくつでもインスタンスを生成することができるので、同種の処理を行うことが容易にできます。それぞれのインスタンスはメモリー領域に個別に展開され、もちろんフィールドなども別々に用意されます。下図のcustomerAのフィールドを変更してもcustomerB及びcustomerCには何の影響も与えません。

●図6-7-1　インスタンスのアドレス

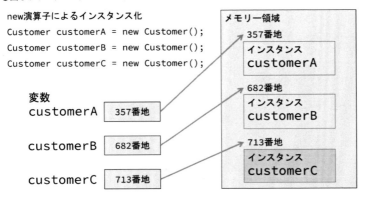

　newによりインスタンス化した際、代入演算子の左辺にある変数名には、メモリー領域に確保されたインスタンスの記憶場所、すなわちアドレス（番地）が代入されます。このアドレスを使ってメモリー領域のデータをアクセスすることを「**参照**する」といいます。

6.8 値型と参照型

　C#の扱う型には**値型**と**参照型**があります。値型の変数には値そのものが格納されます。一方、参照型の変数にはアドレス（番地）が格納されます。
- 値型：int型などの組み込み型（string型を除く）、列挙型、構造体（後述）
- 参照型：クラス、インターフェイス（後述）、配列など

●例：値型
```
int score = 58;
```

●例：参照型
```
Customer customerA = new Customer();
```

●図6-8-1　値型と参照型

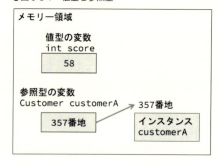

●例：null
```
① Customer customerA;
② customerA = new Customer();
```

　参照型で参照の値を持たない特別な状態を表す値を**null**（ナル）といいます。例の①のように参照型の変数は宣言した段階では参照するアドレスを持たず、変数customerAの値はnullになっています。そして、例の②の段階でnewによりインスタンスが生成され、そのインスタンスのアドレスがcustomerAに格納されます。

6.9　Unityのゲームオブジェクトとスクリプトのクラスとの関係

　Unityのスクリプトは`MonoBehaviour`を継承（後述）したクラスから始まります。その書式を次に示します。

●書式
```
public class クラス名 : MonoBehaviour
```

●例
```
public class ExTranslate : MonoBehaviour
```

　`MonoBehaviour`とはUnityのシステムを利用するための基となるクラス（基底クラス、後述★6.13）です。これによりUnityが自動的に前準備を行い、`Start`メソッドから実行を開始し、描画のたびに`Update`メソッドを繰り返し呼び出してくれます。Unityのシーンビューにあるゲームオブジェクトは、C#でいうインスタンスです。それにスクリプトをアタッチすることで、ゲームオブジェクト（インスタンス）の中にスクリプトのクラスが組み込まれます。

　次に、アタッチされていないゲームオブジェクトの扱いについて、Unity編8.1.5のサンプルスクリプト「ExUITextBox」を例に説明します。下図のとおり、テキストボックス`LowerSideTextBox`をUnityエディターで生成します。一方、スクリプトではフィールド`Text`型`lowerSideTextBox`を宣言します。この段階では`lowerSideTextBox`の値は`null`です。この状態で実行すると、エラー「`NullReferenceException`（null参照例外）」が発生します。変数`lowerSideTextBox`にインスタンスを参照するアドレスが設定されていないからです。

●図6-9-1　フィールドとゲームオブジェクト

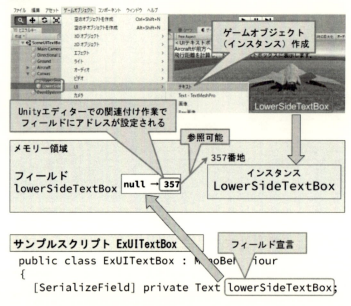

　そこで、Unity編8.1.5(7)のとおり「フィールドとテキストボックスとの関連付け」の作業を行います。すると、UIゲームオブジェクトのテキストボックスLowerSideTextBox（インスタンス）のアドレス（上図の例では357番地）がフィールドlowerSideTextBoxに設定されます。これにより、このフィールドを使ってテキストボックスを参照し操作することができるようになります。

6.10 構造体

クラスとよく似たものに**構造体**があります。その書式を次に示します。

●書式
```
[修飾子] struct 構造体名
{
    メンバー（フィールドやメソッドなど）
}
```

●例
```
public struct Complex
{
  public double Real { get; }
  public double Imaginary { get; }
  public Complex (double r, double i)
  {
    Real = r;
    Imaginary = i;
  }
};
```

　構造体はクラスと同様に、フィールド、プロパティ、コンストラクター、メソッドなどをメンバーとして定義することができます。ただし、クラスは参照型ですが、構造体は値型です。また、継承（後述）することはできません。構造体名は名詞または名詞句を使用し、Pascal形式とします。

　構造体は軽量のデータ（インスタンスのサイズが16バイト未満[3]）の際に適しており、クラスより処理の負荷を低減することができます。Unityでは座標や色データを格納するVector3やColorが構造体となっています。

---

3. クラスまたは構造体のどちらかを選択するかについては、次のサイトを参照してください。参考サイト：Microsoft Docs、フレームワークデザインのガイドライン、クラスまたは構造体の選択、https://docs.microsoft.com/ja-jp/dotnet/standard/design-guidelines/choosing-between-class-and-struct

6.11　メンバーの呼び出し

　クラス・構造体のメンバーを呼び出して使うには、次のように記述します。なお、**this**キーワードは宣言しなくても使える特別な変数で、そのクラスの現在のインスタンスを参照できます。

●書式1
```
インスタンス名.メンバー名
```

●書式2
```
this.メンバー名
```

●書式3
```
[ゲームオブジェクト.]メンバー名
```

●例1
```
distance.y = 5.0f;    ※distanceはVector3型の変数とします。
```

●例2
```
pad.SetPosition(position, rotation);
※SetPositionはpadのクラスにあるメソッドとします。
```

●例3
```
private double timer = 0.0;
void SetTimer(double timer)
{
   this.timer = timer;
}
```

　例1、2はフィールドとメソッドの基本的な呼び出し例です。例3において、「this.timer = timer;」の左辺のtimerはフィールドtimerを表し、右辺のtimerはメソッドSetTimerのパラメーターtimerを表します。thisキーワードを使い、フィールドtimerを明示的に示しています。フィールド及びプロパティには必ずthisを付けて、ローカル変数及びパラメーターと区別するルールを採用しているプログラマーもいます。

●例4

```
if ( IsEnabled(testData) ) {  (中略)  };
※IsEnabledはbool型のメソッドとします。
```

●例5
```
OutputLog(playerCount);    ※OutputLogはvoid型メソッドとします。
```

●例6
```
var hours = GetDay() * 24;    ※GetDayは経過日を得るint型メソッドとします。
```

●例7
```
var obj = Instantiate(myPrefab);
Debug.Log(obj.name);
```

●例8
```
var rdr = GetComponent<Renderer>();
```

　例4のように、bool型の戻り値をもつメソッドはif文の条件に利用できます。また、例5のように、戻り値のないvoid型のメソッドは単独でも利用できます。例6のように、戻り値のあるメソッドは式の項として利用することができます。

　例7はUnityのInstantiate命令でゲームオブジェクトを生成し、そのアドレスを変数objに格納します。obj.nameは生成したゲームオブジェクトの名前（nameプロパティ）を表します。例8はゲームオブジェクト部分が省略され、メソッドGetComponentを呼び出しています。この場合はこのスクリプトがアタッチされているゲームオブジェクト（gameObject）とみなされます。

【演習6-2】入力フィールド（クラス版）
Unity編8.4.4の解説に従い、サンプルスクリプトを作成しなさい。また、サンプルスクリプトの後に用意されている実験を行い、さらに理解を深めましょう。

6.12 クラスメンバー

6.12.1 クラスメソッド

　例えば、平方根などの計算を行うメソッドの結果は、インスタンスに関係なく値が定まります。クラスに1つだけあればよいメソッドはインスタンス化する必要がありません。C#ではメソッド名の前にstaticキーワードを付加し、インスタンス化せずにクラスから直接呼び出せるメソッドを作ることができます。このメソッドを**クラスメソッド**（または**静的メソッド**）といいます。その例を次に示します。

●例：長方形の面積を求めるクラスメソッド
```
public static double GetRectangularArea(double width, double height)
{
  var area = width * height;
  return area;
}
```

　クラスメソッドを呼び出す書式を次に示します。

●書式
```
クラス名.メソッド名([パラメーター名, ・・・])
```

●例
```
var y = Math.Sin(radian);
```

　例のとおり、数学関数を提供するMathクラス内には三角関数のSinなどのクラスメソッドが用意されています。

6.12.2 クラスフィールド・クラスプロパティ

　クラスで1つしか必要でなく、各インスタンスで共有すべきデータの場合、クラスメソッド同様にstaticキーワードを付加し、インスタンス化せずにクラスから直接呼び出せるフィールド及びプロパティを作ることができます。このフィールドを**クラスフィールド**（または**静的フィールド**）、**クラスプロパティ**（または**静的プロパティ**）といいます。呼び出す際は「クラス名.クラスフィールド名」、「クラス名.クラスプロパティ名」とします。

　よく使われる事例としては、システム側から提供されるMathクラスのフィールドの円周率PIやDateTime構造体のプロパティの現在時刻Nowなどが挙げられます。

●例
```
var y = Math.Sin(angle * Math.PI / 180.0);
```

上記のように、クラスメソッド・クラスフィールド・クラスプロパティを総称して**クラスメンバー**といいます。また、これらの対義語として通常のインスタンスにあるメンバーを**インスタンスメンバー・インスタンスメソッド・インスタンスフィールド・インスタンスプロパティ**ということがあります。

Mathクラスなどのような静的なクラスのメンバーを、名前空間を省略してアクセスしたい場合は、**using static**ディレクティブを使います。

●書式
```
using static クラスメンバーを含む名前空間名;
```

●例
```
using static System.Math;
 (中略)
var y = Sin(radian);    ※System.Math.SinではなくSinだけでアクセス可
```

6.13 継承

6.13.1 基底クラスと派生クラス

　下図のようにクラスA、Bの場合、共通部分には同じデータ（フィールド、プロパティ）と処理（メソッド）が書かれています。重複している部分は労力の無駄です。また、A、B別々に共通部分を修正すると、保守性に大きな不安が残ります。そこで、クラスを設計する段階で基となるクラスSを作り、クラスA、BはクラスSのメンバーを利用できる仕組みを考えました。この仕組みが**継承**です。継承の基となるクラスを**基底クラス**といい、それを継承するクラスを**派生クラス**といいます。なお、基底クラスは1つのみ（単一継承）とします[4]。継承はプログラムの重複を取り除く仕組みということができます。

●図6-13-1　基底クラスと派生クラス

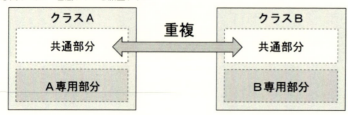

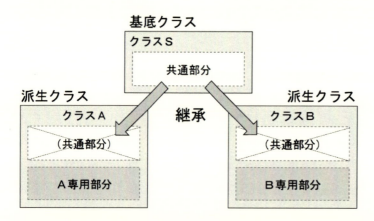

　それでは、具体的なソースコードで考えてみましょう（下図参照）。ここでは、爆弾と飛行機の発射装置を管理するクラスを作ることにします。まず、学習のために継承を使わずに爆弾のクラスを作ってみましょう。このクラスには、LaunchObject（ゲームオブジェクト）、Position（発射位置）、LaunchAngle（発射角度）、Force（発射する際の力）を格納するプロパティと、位置を設定するメソッドSetPosition、発射を行うメソッドLaunchを用意しました。

---

[4]. 多重継承はできません。

次に、飛行機の発射（発進）でも使う共通部分を基底クラスLauncherへ、爆弾専用部分を派生クラスBombLauncherへ分けてみましょう。3つのプロパティLaunchObject、Position、LaunchAngle、メソッドSetPositionは、飛行機と共通部分であるため基底クラスLauncherへ移します。一方、爆弾を発射する方法は飛行機とは異なります。それゆえ、プロパティForceとメソッドLaunchは派生クラスBombLauncherに移すことにします。

●図6-13-2　継承

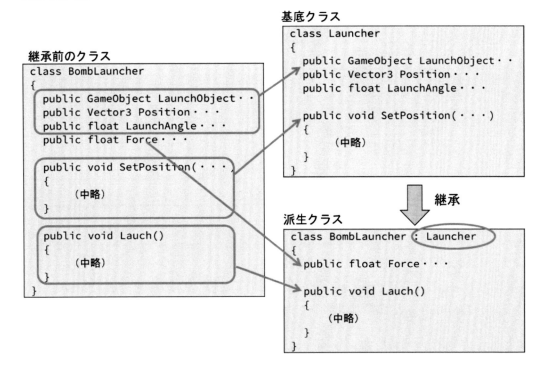

派生クラスは基底クラスにある共通部分を利用すること、すなわち継承することを示す必要があります。その書式を次に示します。継承固有の部分以外はクラスの書式に準じます（★6.2）。

●書式
```
[修飾子] class 派生クラス名 : 基底クラス名
{
    派生クラスのメンバー
}
```

●例
```
class BombLauncher : Launcher { （中略） }
```

継承されている場合のコンストラクターは、先に基底クラスのコンストラクターが実行され、次に派生クラスのコンストラクターの順番で実行されます。

継承により、派生クラスでは基底クラスのメンバー（フィールド、メソッドなど）があたかも自身のクラスのメンバーかのように呼び出すことができます。継承により、ソフトウェアの生産性、保守性の向上が期待できます。

6.13.2　メソッドの隠蔽

派生クラスにはその対象物に応じたプロパティやメソッドなどを追加できます。しかし、基底クラスと同じ名前のメソッドを追加すると、派生クラスが優先されます。これをメソッドの**隠蔽**といいます。隠蔽するメソッドには、誤って同じ名前にしないように**修飾子new**を明示的に付加します。

●例
```
public new void SetPosition(Vector3 pos, float angle) {　（中略）}
```

6.13.3　クラスの型変換

継承関係にあるクラスについては型変換ができます。派生クラスから基底クラスへの型変換を**アップキャスト**といい、その逆を**ダウンキャスト**といいます。アップキャストは特別なキーワードを使用せずに暗黙的に行うことができます。一方、ダウンキャストは**as演算子**を用いて「変数名　as　型名」で記述しキャストします。as演算子はキャストに失敗したときnullを返します。実行時エラーにはなりません。キャスト後if文などでその後の処理を記述できます。

●アップキャストの例
```
var x = new Launcher();      ※基底クラスとします。
var y = new BombLauncher();　 ※派生クラスとします。
x = y;
```

●ダウンキャストの例：
```
var a = new Launcher();      ※基底クラスとします。
var b = new BombLauncher();　 ※派生クラスとします。
Launcher c = new BombLauncher();
b = a as BombLauncher;
if (b == null) { Debug.Log("NG"); }
else           { Debug.Log("OK"); }   ※キャストに失敗します。
b = c as BombLauncher;
if (b == null) { Debug.Log("NG"); }
else           { Debug.Log("OK"); }   ※キャストに成功します。
```

6.13.4　継承禁止

派生クラスを許さない場合は、修飾子**sealed**を付加するとそのクラスを継承できなくなり、継

承するとエラーとなります。

●例
```
public sealed class OrignalBase {  （中略）  }
```

【演習6-3】力とトルク（継承版）
Unity編 12.3.1～12.3.2 の解説に従い、サンプルスクリプトを作成しなさい。また、サンプルスクリプトの後に用意されている実験を行い、さらに理解を深めましょう。

6.14 ポリモーフィズム

6.14.1 オーバーライド

　例えば、爆弾もミサイルも飛行機も発射できる発射装置があるとします。当然ながら爆弾の発射の処理内容と飛行機の発射の処理内容は異なります。しかし、その命令を同じ名前「発射」に統一して使用できれば、使い勝手は向上することでしょう。逆にいえば、同じ名前の命令なのに、その対象物に応じて適切な異なる処理を行ってくれるということです。このように同類の処理を行うメソッドであれば、インスタンスによりその処理内容が異なっていても、同じ名前で呼び出すことができる仕組みのことを**ポリモーフィズム**といいます。

　それでは、具体的なソースコードで考えてみましょう（下図参照）。ここでは、爆弾と飛行機の発射装置を管理するクラスを考えます。爆弾を管理するクラス BombLauncher に爆弾を発射するメソッド Launch を定義します。同様に飛行機を管理するクラス AircraftLauncher にも飛行機を発進するメソッド Launch を定義します。そして、それぞれのクラスのインスタンスが b.Launch、a.Launch としてメソッド Launch を呼び出します。するとインスタンスの型を判断してそのインスタンスに合致した適切なメソッドを選択して実行します。

●図6-14-1　ポリモーフィズム

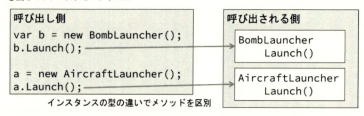

　ポリモーフィズムを機能させるには、下図のとおり基底クラスに修飾子 **vartual** を、派生クラス側に修飾子 **override** を付加します。virtual を付けたメソッドを**仮想メソッド**といいます。そして、仮想メソッドと同じ名前のメソッドを派生クラス内で具体的な処理を記述することをメソッドの**オーバーライド**といいます。

●図6-14-2 オーバーライド

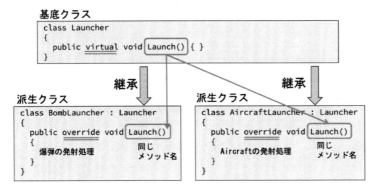

|||||||||||||||||||||||||||||||||||||||||||||||||||||||||||||||||||||||||||||||||||||||||||||||||||||
【演習6-4】力とトルク（ポリモーフィズム版）
Unity編12.3.3の解説に従い、サンプルスクリプトを作成しなさい。また、サンプルスクリプトの後に用意されている実験を行い、さらに理解を深めましょう。
|||||||||||||||||||||||||||||||||||||||||||||||||||||||||||||||||||||||||||||||||||||||||||||||||||||

6.14.2　抽象クラス・抽象メソッド

　仮想メソッドは当然派生クラスでのオーバーライドを期待していますが、文法上の強制力はありません。オーバーライドを強制する場合は、次の例のとおり基底クラスとそのメソッドに修飾子**abstract**を付加します。このクラス及びメソッドを**抽象クラス・抽象メソッド**といいます。抽象メソッドは必ず派生クラスでオーバーライドされるので、ブロック（中括弧{ }）及び処理内容は記述しません。抽象メソッドを派生クラスでオーバーライドしないとエラーが発生します。

●例
```
abstract class Launcher
{
    public abstract void Launch();
}
```

6.14.3　インターフェイス

派生クラスによっては基底クラスのすべてのメソッドが必要とは限りません。しかし、使用しない抽象メソッドもオーバーライドしなければなりません。

●図6-14-3　不要なメソッド

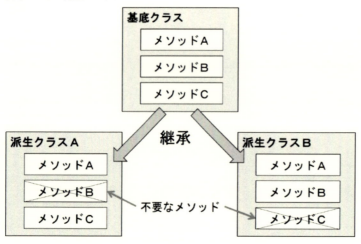

そこで、必要なメソッドだけを継承する方法として、**インターフェイス**があります。インターフェイスは主に抽象メソッドを宣言しますが、抽象クラスとの大きな違いは継承を複数持つことができる点です。これを**多重継承**といいます。これにより、必要な複数の抽象メソッドを選択して継承することができます。

●図6-14-4　インターフェイス

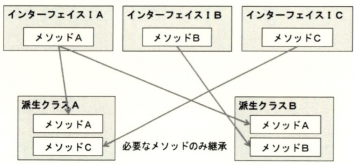

インターフェイスの書式を次に示します。

●書式1：インターフェイスの定義
```
[修飾子] interface インターフェイス名 [: 基底インターフェイス]
{
    型名 メソッド名([パラメーター名]);      ※抽象メソッド
    その他メンバー
}
```

●書式2：インターフェイスの抽象メソッドの具体的処理の記述
```
[修飾子] class クラス名 : [基底クラス名,] インターフェイス名, ・・・
{
    メンバー（インターフェイスの抽象メソッドの具体的処理など）
}
```

●例
```
public interface IDragHandler : IEventSystemHandler
{
  void OnDrag(PointerEventData eventData);
}

public class PointerTest : MonoBehaviour,
IDragHandler, IPointerEnterHandler
{
    （中略）
  public void OnDrag(PointerEventData eventData)
  {
    screenPosition.x = eventData.position.x;
    （中略）
  }
}
```

　書式1のとおり、インターフェイスを定義します。インターフェイス名は先頭にIを付け、Pascal形式とします。また、機能を加えるインターフェイスの場合は「～able」を付けます（例：IReadable）。インターフェイスのブロック内のメソッドはすべてpublic abstractとみなされます。
　書式2のとおり、クラス名の後にインターフェイス名を複数書き、多重継承することができます。そして、派生クラス側でインターフェイスの抽象メソッド（ここではOnDrag）の具体的処理内容を記述します。

第6章　オブジェクト指向の基礎　　143

6.15　ジェネリックメソッド

　ジェネリック（またはジェネリックス、generics、総称性）は、さまざまな型に対応したクラス・メソッドを作る機能です。ジェネリックにより、型が異なる同様なプログラムを複数作らずに、**型もパラメーターとして渡して処理するプログラムを作ることができます**。ジェネリックメソッドの書式を次に示します。

●書式
```
[修飾子]　戻り値の型名　メソッド名<型パラメーター名>([パラメーター名])
[where 型パラメーター名 : 制約条件]
{
    処理
}
```

●例1：ジェネリックメソッドの定義
```
T Max<T>(T a, T b) where T : IComparable

    var max = a.CompareTo(b) > 0 ? a : b;
    // CompareToはa>bなら1、a=bなら0、a<bなら-1を返します。
    return max;
}
```

●例2：ジェネリックメソッドの呼び出し
```
int a = 3;
int b = 5;
var c = Max<int>(a,b);
```

　ジェネリックメソッドは< >内に型を受け取るためのパラメーターを記述します。このパラメーターを**型パラメーター**といいます。例1のように型パラメーター名は慣例的に「T」を用います[5]。呼び出すときは例2のように型パラメーターにint型などの具体的な型を渡します。戻り値も各種の型で返せるので便利です。
　where句は型パラメーターの制約条件を指定します。上記の例では、メソッド内で比較するためにCompareTo()を使用しています。しかし、値の比較などに関係しないクラスでCompareToが使用できない型が受け渡されたらどうでしょう。当然、比較の処理ができずエラーとなってしまいます。そ

5.Microsoftoのプログラミングガイドの「型パラメーターの名前付けガイドライン」を参考にしてください。参考文献：https://docs.microsoft.com/ja-jp/dotnet/csharp/programming-guide/generics/generic-type-parameters

こで、このメソッドで想定している処理ができる型だけを受け入れるために、where句で受け取る型に対して制約条件を設けます。この例ではCompareToが使用できるインターフェイスIComparableがあることを制約条件にしています。これにより、呼び出すときに渡した型が制約条件を満たさなければエラーとなります。主な制約条件を次に示します。

●表6-15-1　where句の主な制約条件

制約条件	意味
where T :struct	値型であること。
where T :class	参照型であること。任意のクラス、インターフェイス、配列など。
where T :基底クラス名	指定された基底クラス、またはその派生クラスであること。
where T :インターフェイス名	指定されたインターフェイス、またはそのインターフェイスを実装していること。

Unityのメソッドにおいてもジェネリックメソッドが使用されています。その例を次に示します。

●例
```
public T GetComponent<T>();
GetComponent<Renderer>();
GetComponent<Rigidbody>();
```

【演習6-5】ポインター入力処理
Unity編10.3の解説に従い、サンプルスクリプトを作成しなさい。

【演習6-6】携帯端末アプリケーションの作成
Unity編第13章の解説に従い、携帯端末アプリケーションを作成しなさい。

問題の解答

≪問題6-1≫

No	設問	解答欄
例	アクセス：同じクラス メソッド名：GetArea パラメーター：直径（diameter） 戻り値　面積（area）	```\nprivate double GetArea(double diameter)\n{\n .....\n return area;\n}\n```
1	アクセス：同じクラス メソッド名：FindName パラメーター：ID番号（memberID） 戻り値　名前（name）	```\nprivate string FindName (string memberID)\n{\n .....\n return name;\n}\n```
2	アクセス：すべてのクラス メソッド名：ShowAnswer パラメーター：計算結果（answer） 戻り値：　なし	```\npublic void ShowAnswer (double answer)\n{\n .....\n return; ←省略されていても可\n}\n```
3	アクセス：すべてのクラス メソッド名：IsActive パラメーター：アイテム名（itemName） 戻り値　検査結果（result）	```\npublic bool IsActive(string itemName)\n{\n .....\n return result;\n}\n```

第7章　シーンの基本設定

7.1 カメラ・光源の設定

ここではまずスクリプトの対象であるゲームオブジェクト（3D図形、カメラ、照明など）が存在する空間とそれを構成するデータ群である基本的なシーンを作成します。

7.1.1 カメラ

実行時にはカメラの視点から見た画像が表示されます。ここではカメラの配置を次のとおり設定します。

【ヒエラルキー】→ [Main Camera] → 【インスペクター】 → [トランスフォーム] → 下表のとおり位置・回転の値を設定

トランスフォーム	Main Camera						
位置	X	0	Y	7	Z	-15
回転	X	20	Y	0	Z	0
拡大/縮小	X	1	Y	1	Z	1

※位置の単位は【シーンビュー】の目盛1（1m）、回転の単位は度（degree）です。

●図7-1-1 カメラの設定

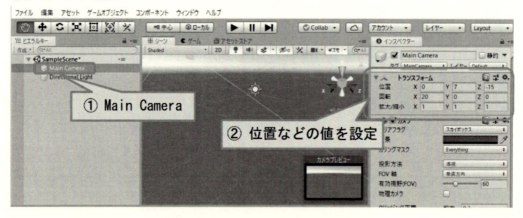

7.1.2 光源

光源の色、向きなどにより表示される物体の色や陰影などが異なります。ここでは光源を次のとおり設定します。

【ヒエラルキー】→ [Direction Light] → 【インスペクター】 → [トランスフォーム] → 下表のとおり位置・回転の値を設定

トランスフォーム	Direction Light					
位置	X	0	Y	10	Z	0
回転	X	50	Y	−30	Z	0
拡大/縮小	X	1	Y	1	Z	1

また、光源の色設定、影の生成のために、次の設定を行います。

【ヒエラルキー】→ [Direction Light] → 【インスペクター】→ [ライト] → [色] の枠をクリック すると色画面が表示 → 色画面のRGBA = 255, 255, 255, 255（光源を白に設定、RGBAについては後述 ★7.3.1）→ [シャドウタイプ] = 「ハードシャドウ」（強い影ができる設定）

●図7-1-2　光源の設定

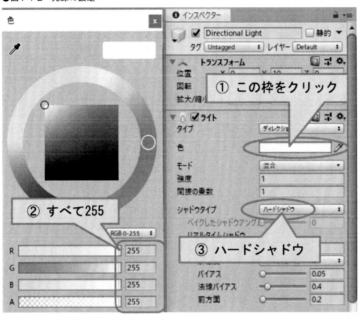

なお、ライトにはディレクショナルライトの他にもポイントライトやスポットライトなどがあります。

（1）ディレクショナルライト：太陽光のように、限りなく遠くから平行に発する光です。光源の位置はどこにでも置くことができます。光の強度は減衰しません。

（2）ポイントライト：ランプやろうそくの炎のように、ある一点から全方向に同等に光を発します。光の強度は距離とともに減衰します。

（3）スポットライト：懐中電灯や車のヘッドライトのように、ある一点から円錐形に光を発します。ポイントライトの光の当たる範囲を円錐形に制限したものです。

これらの光源は次の操作で追加できます。

【メニューバー】→ [ゲームオブジェクト] → [ライト] → [スポットライト]など

第7章　シーンの基本設定　149

7.2 プリミティブオブジェクトの作成

　Unity エディターには、基本的な図形である立方体・球などを容易に作成できる機能があります。基本的な図形を**プリミティブオブジェクト**といいます。3Dオブジェクトのプリミティブオブジェクトの種類は、キューブ（立方体）、スフィア（球）、カプセル、シリンダー（円柱）、平面（Plane）及びクアッド（四角形ポリゴン[1]）があります。

（1）プリミティブオブジェクトの作成
（a）キューブ：まず、キューブを次の操作により作成しましょう。
　　　【メニューバー】→ [ゲームオブジェクト] → [3Dオブジェクト] → [キューブ]
　　　これにより【ヒエラルキー】にゲームオブジェクト名「Cube」が表示され、【シーンビュー】には立方体が表示されます。

●図 7-2-1　Cube その1

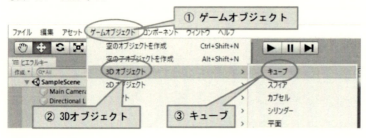

●図 7-2-2　Cube その2

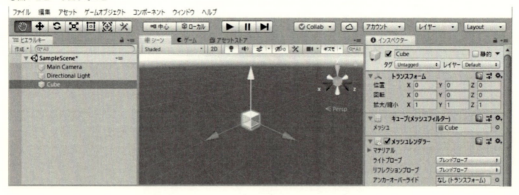

（b）平面：同様に、平面を作成しましょう。
　　　【メニューバー】→ [ゲームオブジェクト] → [3Dオブジェクト] → [平面]

---

1. 平面と四角形ポリゴンの使い分け：一般に、平面は床や壁に使用され、四角形ポリゴンは画像・動画を表示するディスプレイ画面などに使用されます。

なお、真横から見ている場合は線だけしか見えない場合があります。上側から見るように視点位置を変更しましょう。（ハンドツール → マウスでドラッグして視点を変更）

● 図7-2-3　平面その1

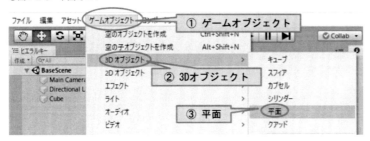

● 図7-2-4　平面その2

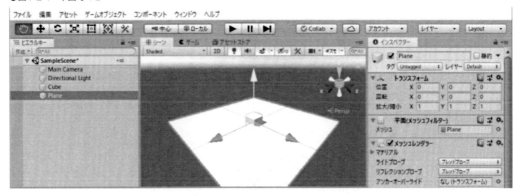

（2）名称設定：ゲームオブジェクトには任意の名前を付けることができます。

（a）「Cube」を「FlyingBox」に名称変更します。

【ヒエラルキー】 → [Cube] → 【インスペクター】 → 最上部のゲームオブジェクト名欄に名前を入力（ここでは「Cube」を「FlyingBox」に変更）→ Enter キー

● 図7-2-5　名称設定

（b）同様に、ゲームオブジェクト「Plane」を「Ground」に名称変更します。

(3) 位置・サイズ設定

オブジェクトの位置、回転、拡大/縮小の設定は次のとおり行います。

（a）FlyingBox：【ヒエラルキー】 → [FlyingBox] → 【インスペクター】 → [トランスフォーム] → 下表のとおり位置、回転、拡大/縮小の値を設定。

トランスフォーム	FlyingBox					
位置	X	0	Y	1	Z	0
回転	X	0	Y	0	Z	0
拡大/縮小	X	3	Y	1	Z	2

●図7-2-6　位置・サイズ設定

（b）Ground：同様にGroundの位置、回転、拡大/縮小の値を下表のとおり設定します。

トランスフォーム	Ground					
位置	X	0	Y	0	Z	0
回転	X	0	Y	0	Z	0
拡大/縮小	X	10	Y	1	Z	10

(4) ゲームオブジェクトの削除：ゲームオブジェクトを削除する場合は、次のとおり操作します。

【ヒエラルキー】→ 削除したいゲームオブジェクト名（ここでは[FlyingBox]）を選択→ Delete キー

(5) Unityエディター操作の取り消し：Unityエディターにおける操作を取り消す場合は、次のとおり操作します。

【メニューバー】→ [編集] → [取り消し] あるいは Ctrl + Z キー

ここでは、先に削除したゲームオブジェクト「FlyingBox」の操作を取り消してください。すると、削除されたゲームオブジェクトが再度シーンビューに表示されます。

※Unityエディターでの各種操作を間違えた場合は、それを直すために新たな操作を加えるのではなく、間違えた操作の取り消しを行い、元の状態に戻しましょう。

7.3 ゲームオブジェクトの色設定

7.3.1 マテリアル

ゲームオブジェクトの表面の色や模様などを設定するには、マテリアル（Material、材料）を用意する必要があります。

（1）マテリアルの保存用フォルダー作成：まず、マテリアルのデータを保存するためのフォルダーを作ります。

【プロジェクト】 → [Assets] → 【メニューバー】 → [アセット] → [作成] → [フォルダー] → フォルダー名を適切な名前（ここでは「Materials」）に変更

●図7-3-1　フォルダーその1

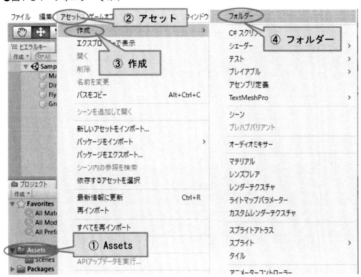

●図7-3-2　フォルダーその2

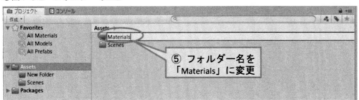

（2）マテリアルの作成：マテリアルを作成するには次のとおり操作します。

【プロジェクト】 → [Assets] → [Materials] → 【メニューバー】 → [アセット] → [作成] → [マテリアル] → マテリアル名を適切な名前（ここでは「Red」）に変更

第7章　シーンの基本設定 ｜ 153

●図7-3-3　マテリアルの作成その1

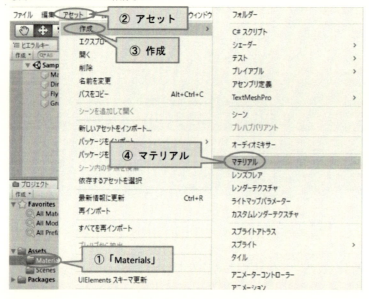

●図7-3-4　マテリアルの作成その2

（3）マテリアルの色設定：マテリアル「Red」に色を設定するには、次のとおり操作します。
　【プロジェクト】→ [Assets] → [Materials] → [Red] →【インスペクター】→ [Rendering Mode]=Fade
を選択（Rendering Modeについては後述）→ [Main Maps]の白い枠をクリックし色設定画面を表
示 → RGBAの値 = 255,0,0,255

●図7-3-5　マテリアルの色設定

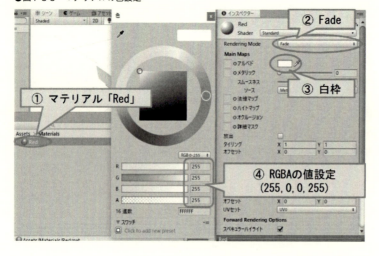

154　第7章　シーンの基本設定

色はR（Red、赤）とG（Green、緑）とB（Blue、青）の光を合成して作ります。光の配分量は0～255の範囲で指定します。色設定の一例を次に示します。

●表7-3-1　主な色のRGBの値

色	白	黒	灰	赤	緑	青	黄
R（赤）	255	0	127	255	0	0	255
G（緑）	255	0	127	0	255	0	255
B（青）	255	0	127	0	0	255	0

ここではマテリアル「Red」に赤色を設定します。RGBのそれぞれの値はR=255、G=0、B=0です。なお、色画面内にあるカラーリングなどをクリックし任意な色を設定することもできます。

RGBの欄の末尾にあるAとはアルファ値と呼ばれるもので、透明度を表します。透明から不透明を0～255の範囲で指定します。ここでは255（不透明）とします。なお、透明度を有効にするには、マテリアルの【インスペクター】内にある[Rendering Mode（表現方法）]を「Fade（消えゆく）」に設定します。透明になってもガラスのように光るような表現を得る場合は「Transparent（透明）」に設定します。

7.3.2　ゲームオブジェクトの色設定

（1）ゲームオブジェクトへのマテリアル設定：マテリアルをゲームオブジェクトにドラッグ＆ドロップすることにより色を設定することができます。ここではゲームオブジェクト「FlyingBox」にマテリアル「Red」を設定します。すると、下図のとおり「FlyingBox」が赤色になります。

●図7-3-6　ゲームオブジェクトの色設定

（2）シーンの上書き保存：これまで作成したゲームオブジェクトなどのデータを保存するため、[保存]にてシーン「SampleScene」に上書き保存します。★1.1.2【C】

7.4 アセットストアの利用

　複雑な形状のゲームオブジェクトは、Unityのプリミティブオブジェクトだけで作成するのは困難です。実際には、他の3Dモデル作成専用ソフトウェア（Blenderなど）で3Dモデルを作ったり、3Dモデルなどを販売しているサイトからダウンロード[2]して、それをUnityへ取り込みます。Unityには3Dモデルや画像などを購入できるアセットストアというWebサイトが用意されています。ここでは、アセットストアにある「Standard Assets」（無料）のデータの中から、飛行機の3Dモデルと芝生の模様データを利用します。

7.4.1 アセットストアからのインポート

　（1） ダウンロード：まず、「Standard Assets」をダウンロードします。

　【シーンビュー】上部にある[アセットストア]タブ（または【メニューバー】→ [ウインドウ] → [アセットストア]）→ 検索欄（Type here to search assets と書かれている欄）に検索キーワード「standard assets」を入力して検索ボタン → 検索結果の中の「Standard Assets」→ [Download]（データをダウンロードするのに数分かかることがあります。）→ [Import] → [Import Unity Package]ダイアログボックスが表示されます。

---

2. 他者が作成した3Dモデルなどを使用する際は、そのライセンス条項に同意し、必要に応じ費用を支払って使用します。

156　第7章　シーンの基本設定

●図7-4-1　アセットストア

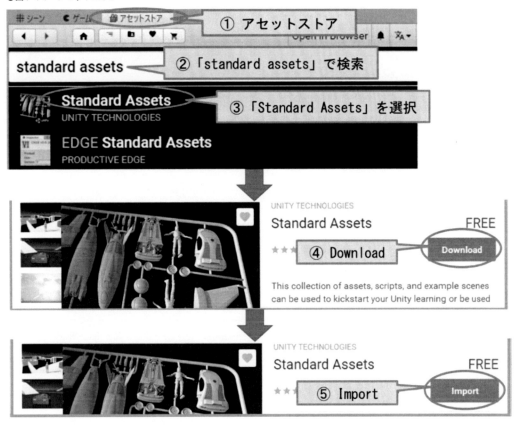

（2）インポート：ここでは地面の模様となる草や石などの模様のデータや飛行機のモデルなどを選択します。

（a）[Import Unity Package]ダイアログボックスの下部の[なし]（これですべてのチェックが外れます）
（b）パッケージ内容の[Standard Assets] → [Environment] → [TerrainAssets] → [SurfaceTextures]=オン
（c）同様に、[Standard Assets] → [PerticleSystems] → [Materials]、[Textures]=オン
（d）同様に、[Standard Assets] → [Vehicles] → [Aircraft] → [Materials]、[Models]、[Prefabs]=オン
（e）ダイアログボックス下部の[インポート] → 【プロジェクト】の[Assets]に[Standard Assets]フォルダーができ、その中にデータがインポートされます。
※インポートした際に【コンソール】に3Dモデルの不具合に関する警告「A polygon of XXXX is self-intersecting and has been discarded.」などが複数表示されますが、無視してかまいません。

●図7-4-2 インポート

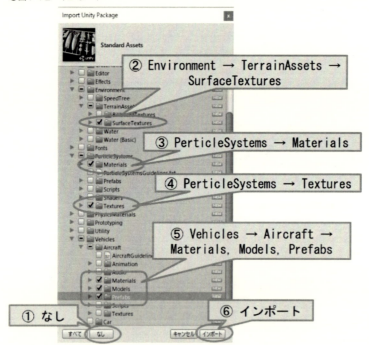

7.4.2 テクスチャの利用

　模様のデータのことを**テクスチャ**といいます。ここでは、平面のゲームオブジェクト「Ground」に芝生模様をつけます。テクスチャの貼り付けは次のとおり行います。

　【プロジェクト】→ [Assets] → [￥Assets￥Standard Assets￥Environment￥TerrainAssets￥SurfaceTextures]フォルダー → 芝生模様の[GrassHillAlbedo]を【ヒエラルキー】の[Ground]の上へドラッグ＆ドロップ（※この際に「Ground」の名前部分が青色に変わるので、その状態でマウスボタンを離します。）→【ヒエラルキー】→ [Ground] →【インスペクター】→ [GrassHillAlbedo]の▶をクリックし詳細を開く → [Main Maps]の[タイリング]のX=10、Y=10に設定。これにより、ゲームオブジェクト「Ground」を縦横10分割した升目に選択したテクスチャがタイルのように貼り付けられます。

●図7-4-3 テクスチャー

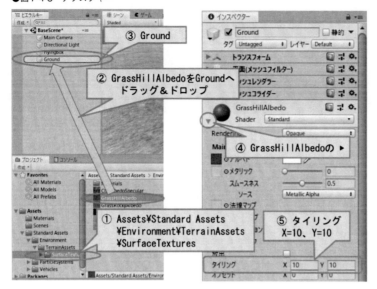

7.4.3 3Dモデルの利用

ここでは飛行機の3Dモデルのゲームオブジェクトをシーンに設定しましょう。

（1） 不要なゲームオブジェクトの削除：「FlyingBox」を削除します。

【ヒエラルキー】→ [FlyingBox] → Delete キー

（2） 飛行機モデルの追加：「AircraftJetAI」をシーンに追加します。

【プロジェクト】→ [¥Assets¥Standard Assets¥Vehicles¥Aircraft¥Prefabs]フォルダー → [AircraftJetAI]を【ヒエラルキー】へドラッグ＆ドロップ

※警告が複数表示されますが、無視してかまいません。

● 図7-4-4　3Dモデルその1

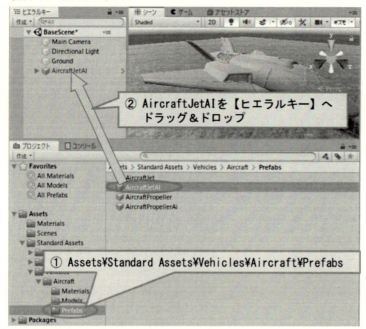

（3）モデルの一部修正：飛行機の形状だけを利用するため、トランスフォームとリジッドボディ以外は削除します。

（a）【ヒエラルキー】 → [AircraftJetAI]を右クリック → [プレハブを完全に展開] → 【インスペクター】のゲームオブジェクト名の欄にて名称を「Aircraft」に変更

● 図7-4-5　3Dモデルその2

（b）【ヒエラルキー】 → [Aircraft] → 【インスペクター】 → [(Script)]の右上の歯車アイコンをクリックしポップアップメニューを表示 → [コンポーネントを削除] → 同様にすべての[(Script)]と[アニメーター]を削除し、[トランスフォーム]と[リジッドボディ]のみを残します。

●図7-4-6　3Dモデルその3

（c）【ヒエラルキー】→ [Aircraft] → 【インスペクター】→ [リジッドボディ]→[キネマティックにする]＝オン（リジッドボディについては後述★12.1.1）

●図7-4-7　3Dモデルその4

（d）【ヒエラルキー】→ [Aircraft]の▶マークをクリックし、子オブジェクトを表示 → [Particles] → Delete キー、同様に[Trails]、[Helpers]を削除します。

第7章　シーンの基本設定　｜　161

●図7-4-8　3Dモデルその5

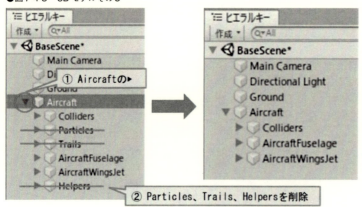

（4）3Dモデルの位置・方向などの調整：「Aircraft」を配置します。

【ヒエラルキー】→ [Aircraft] → 【インスペクター】→ [トランスフォーム] にて、位置、回転、拡大/縮小の値を設定できます。ここでは、下表のとおり値を設定します。

トランスフォーム	Aircraft					
位置	X	0	Y	0	Z	0
回転	X	0	Y	0	Z	0
拡大/縮小	X	1	Y	1	Z	1

（5）シーンの上書き保存：シーン「SampleScene」を上書き保存します。★1.1.2【C】

▶▶▶続いてUnity編第8章へ進んでください。

第8章　ユーザーインターフェイス

8.1 テキストボックス

ユーザーインターフェイス（user interface、以下 UI と略す）とは、人間がコンピューターにデータを入力したり、コンピューターからの出力を人間が得るための機器やソフトウェアのことです。UnityのUIには、基本ソフトウェアのWindowsなどと同様に、テキストボックスやボタンなどが用意されています。本書でいうUIとは前者の広義の意味ではなく、後者のUnityのUIを示します。

テキストボックスとは文字列を表示するためのUIです。例えば、ゲームの得点やゲームオブジェクトの位置などを表示することができます。

8.1.1 テキストボックスの作成・設定

（1）シーンを開く：Unity編7.4.3で使用したシーン「SampleScene」を開きます。★1.2.2【C】
（2）テキストボックスの作成：【メニューバー】→ [ゲームオブジェクト] → [UI] → [テキスト] →
これにより、【ヒエラルキー】内には[Canvas]（キャンバス）、[Text]（テキスト）及び[EventSystem]（イベントシステム）が作成されます。キャンバスとイベントシステムについては後述。

●図8-1-1　テキストボックスの作成

（3）テキストボックスの各種設定
（a）名称設定：【ヒエラルキー】→ [Canvas] → [Text] → 【インスペクター】→ 最上部のゲームオブジェクト名の欄に名前を入力（ここでは「Text」を「UpperSideTextBox」に変更）→ Enter キー

●図8-1-2　テキストボックスの設定（名称）

（b）位置・大きさ設定：【インスペクター】 → ［矩形トランスフォーム］ → ［アンカープリセット］= left-top（設定後、アンカープリセット画面の外側をクリック） → ［ピボット］のX = 0、Y=1 → 位置X=0、Y=0、Z=0 → 幅=400、高さ=150　なお、アンカー及びピボットについては後述（★8.1.2）。

●図8-1-3　テキストボックスの設定（位置・大きさ）

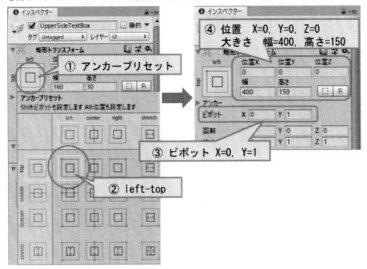

（c）テキストボックスの文字列初期値設定：【インスペクター】 → ［テキスト(スクリプト)］の［テキスト］欄の文字列「New Text」を「Unity」に変更 → ［フォントサイズ］=14 → ［整列］= 左揃え・上揃え → ［色］の枠内をクリック → [RBGA] = 0, 0, 0, 255（黒、★7.3.1）

●図8-1-4 テキストボックスの設定（初期文字列）

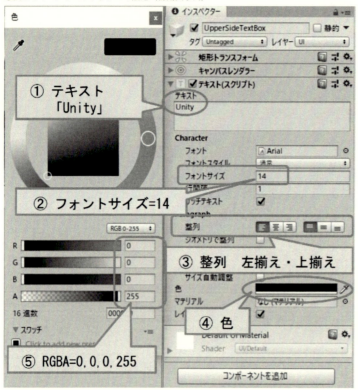

(4) テキストボックスの追加：同様にテキストボックスを追加作成します。
(a) 作成：【メニューバー】→ [ゲームオブジェクト] → [UI] → [テキスト]
(b) 名称設定：【ヒエラルキー】→ [Text] → 【インスペクター】→ ゲームオブジェクト名の「Text」を「LowerSideTextBox」に変更 → Enter キー
(c) 位置・大きさ設定：【インスペクター】→ 矩形トランスフォーム → [アンカープリセット] = center-bottom → [ピボット]のX = 0.5、Y=0 → 位置X=0、Y=0、Z=0 → 幅=400、高さ=150
(d) テキストボックスの文字列初期値設定：【インスペクター】→ [テキスト(スクリプト)]の[テキスト]欄の「New Text」を「C# Textbook」に変更 → [フォントサイズ] = 24 → [整列] = 中央揃え・下揃え → [色]の枠内をクリック → [RGBA] = 255, 255, 255, 255（白、★7.3.1）

8.1.2 キャンバス

(1) キャンバス：UIオブジェクトの部品が配置されるエリアのことを**キャンバス**（canvas）といいます。Unityのゲーム空間に置いた透明な四角形の板のようなイメージです。
(2) アンカー：キャンバスの基準点のことを**アンカー**といいます。キャンバスを、各辺が1の単位をもつ四角形と考え、下図のとおり左下隅（left-bottom）のアンカーをX=0、Y=0と表します。同様に、左上隅はX=0、Y=1、右上隅はX=1、Y=1、右下隅はX=1、Y=0となります。中間の位置

は0～1の間の実数で表し、例えば中央下端（center-bottom）ならX=0.5、Y=0となります。UIオブジェクトの位置は、このアンカーからの距離で表します。

●図8-1-5　アンカー

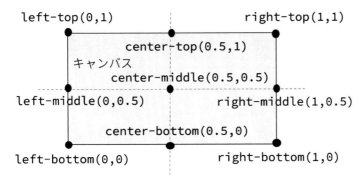

（3）ピボット：UIオブジェクトの基準点のことを**ピボット**といいます。UIオブジェクトを、各辺が1の単位をもつ四角形と考え、下図のとおり左下隅のピボットをX=0、Y=0と表します。同様に、左上隅はX=0、Y=1、右上隅はX=1、Y=1、右下隅はX=1、Y=0となります。UIオブジェクトの位置は、アンカーからピボットまでの距離を指定します。例えば、キャンバスの左上隅にテキストボックスを配置したい場合は、キャンバスのアンカーを左上隅（left-top、X=0、Y=1）とし、テキストボックスのピボットも左上隅（X=0、Y=1）として、テキストボックスの位置X=0、位置Y=0に指定すれば、キャンバスの左上隅にテキストボックスを位置づけることができます。

●図8-1-6　ピボット

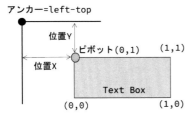

（4）キャンバスの設定：【ヒエラルキー】→ [Canvas] → 【インスペクター】→ [キャンバス]の[レンダーモード] = スクリーンスペース・オーバーレイ → [キャンバススケーラ(スクリプト)]の[UIスケールモード] = 画像サイズに拡大

●図8-1-7　キャンバスの設定その１

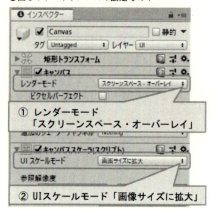

【シーンビュー】におけるキャンバスのサイズはとても大きく、視点によっては枠線の一部しか見えていませんが問題ありません。なぜならば、レンダーモードをスクリーンスペース・オーバーレイに設定している場合は、プログラム実行時にキャンバスの四隅と【ゲームビュー】の四隅が一致するようにサイズと位置が自動的に調整されるからです。【ゲームビュー】に切り替え、テキストボックスの初期値の文字列「Unity」と「C# Textbook」がそれぞれ画面の左上隅と中央下側に表示されることを確認してください。

●図8-1-8　キャンバスの設定その２

（5）シーンの保存：テキストボックスを設定したシーン「SampleScene」を上書き保存します。★1.1.2【C】

8.1.3　イベントシステム

　ユーザーインターフェイスの入力を制御するものを**イベントシステム**といいます。イベントシステムとキャンバスはUIオブジェクトが作成された際に連動して自動的に作成されます。イベントシステムは「ボタンがクリックされた」などのイベント（出来事）を検出する働きをします。

▶▶▶ C#編1.1.2【C】(6)にて、インポートしたパッケージ「BaseScene.unitypackage」で設定されるシーン「BaseScene」は、Unity編第7章及び第8章8.1.1～8.1.3に従い作成したものです。C#編第2章へ進みましょう。

8.1.4 テキストボックスへの表示

スクリプトによりテキストボックスに文字列を表示することができます。そのための準備として、次のとおりフィールドを用意します。

●書式
```
[SerializeField] private Text フィールド名
```

●例
```
[SerializeField] private Text lowerSideTextBox;
```

先頭に[SerializeField]と書き、アクセス修飾子はprivate、データの型はTextとし、フィールド名を宣言します。[SerializeField]を付加するとUnityエディターの【インスペクター】に表示され、テキストボックスとの関連付けができるようになります。

Text型フィールドとテキストボックスを関係付ける方法については、次項のサンプルスクリプトで説明します。

●図8-1-9 フィールドとテキストボックス

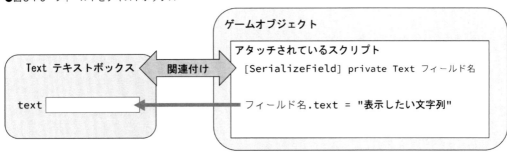

テキストボックスに文字列を表示するには、次の書式のとおり「フィールド名.text」に表示したい文字列を代入します。すると上図のとおり、この代入の文によりテキストボックスのtextの値が変更され、textの内容が表示されます。

●書式
```
Text型フィールド名あるいは変数名.text = 表示したい文字列
```

●例1
```
lowerSideTextBox.text = "Hello World";
```

●例2
```
lowerSideTextBox.text = $"答は{answer:F2}です。";
```

数値型の変数の値を表示したい場合は、例2のように文字列補間を使って数値を文字列に変換します。★3.4

8.1.5　サンプルスクリプト ExUITextBox

（1）シーンの作成：まず、シーン「BaseScene」を開き、[別名保存]にて保存先フォルダーを「¥Assets¥Scenes」とし、シーン名を「SceneUITextBox」に変更して保存します。★1.1.2【C】
※なお、シーン「BaseScene」には、あらかじめ2つのテキストボックスが用意されています。テキストボックスの設定の詳細を知りたい場合は、Unity編8.1.1～8.1.3を参照してください。

（2）テキストボックスの変更：次のとおり、テキストボックス「UpperSideTextBox」を変更します。

《Unityエディター》→【ヒエラルキー】→[Canvas]の先頭の▶→[UpperSideTextBox]→【インスペクター】→[テキスト(スクリプト)]の先頭の▶→[テキスト]欄を次のとおり変更します。

> ＜UIテキストボックス＞
> Aircraftが前方へ移動します。
> 飛行距離を計算し、下部のテキストボックスに表示します。

テキストボックス「LowerSideTextBox」については変更しません。

●図8-1-10　テキストボックスの初期文字列

（3）スクリプトファイル作成及びVisual Studioの起動：【プロジェクト】内のフォルダー「¥Assets¥Scripts」を開いてから、そのフォルダー内にスクリプトファイルを新規作成し、名前を「ExUITextBox」とします。そして、このスクリプトを選択し、Visual Studioを起動します。★1.3.1【A】

（4）サンプルスクリプトの作成：飛行距離を計算し、その値をテキストボックスへ表示するスクリプトを作成しましょう。

●サンプルスクリプト　ExUITextBox

```
01 #pragma warning disable CS0649
02 using UnityEngine;
03 using UnityEngine.UI;
04
05 namespace CSharpTextbook
06 {
07     public class ExUITextBox : MonoBehaviour
```

```
08  {
09      [SerializeField] private Text lowerSideTextBox;
10      private double sumDistance = 0.0;
11
12      void Update()
13      {
14          var zVelocity = 5.0f;
15          var distance = new Vector3(0.0f, 0.0f, zVelocity * Time.deltaTime);
16          transform.Translate(distance);
17
18          sumDistance += distance.z;
19          lowerSideTextBox.text = $"飛行距離：{sumDistance:F1}m";
20      }
21  }
22 }
```

(5) サンプルスクリプトの解説：
（a）1行目：「#pragma warning disable CS0649」は特定の警告を非表示にする命令です。詳しくは(7)で説明します。
（b）3行目：UI（ユーザーインターフェイス）を使用するために、UnityEngine.UIをusingディレクティブに指定します。これにより、テキストボックスを操作できるようになります。
（c）9行目：テキストボックスに表示する文字列を格納するために、フィールドlowerSideTextBoxを宣言します。★8.1.4
（d）10行目：前進する距離を合計するためのフィールドsumDistanceを定義します。計算に使用するためdouble型とし、初期値をゼロにします。
（e）14～16行目：Z軸方向の速度を格納する変数zVelocityを定義します。距離は速度×時間（zVelocity * Time.deltaTime）で求めることができます。距離を格納するVector3型の変数distanceを定義します。これをtransform.Translate命令に渡して、Z軸方向（前方向）へゲームオブジェクトを移動させます。★9.1.6
（f）18行目：sumDistanceはフィールドですからUpdateメソッドからもアクセスできます。現在のsumDistanceとdistance.zをたし算して、その結果を再びsumDistanceに代入します。Updateメソッドが呼び出されるたびにdistance.zはsumDistanceへ加算され、この合計値は飛行距離を意味します。
（g）19行目：飛行距離sumDistanceをテキストボックスに表示します。文字列補間を使ってsumDistanceの小数点以下の表示桁数を1桁とします。末尾の「m」は飛行距離の単位メートルです。★3.4

(6) スクリプトファイルの上書き保存及びアタッチ：スクリプトファイル「ExUITextBox」を上書き保存します。そして、このスクリプトをゲームオブジェクト「Aircraft」にアタッチします。★1.3.3(4), 2.4.1

(7) フィールドとテキストボックスとの関連付け：フィールド「lowerSideTextBox」をテキストボックス「LowerSideTextBox」に関連付けます。

《Unityエディター》 → 【ヒエラルキー】 → [Aircraft] → 【インスペクター】 → [Ex UI Text Box(Script)]の[Lower Side Text Box]欄右側の◎ → ダイアログボックス[Select Text] → [シーン]タブ → [LowerSideTextBox]をダブルクリック → これにより関連付け完了

なお、privateのフィールドの宣言の際に[SerializeField]を設定しなければ、【インスペクター】にフィールド名が表示されません。

●図8-1-11　フィールドとゲームオブジェクトの関連付け

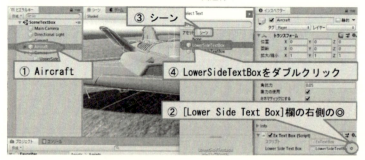

関連付ける前の段階で「[SerializeField]で指定したフィールドとテキストボックスが関連付けられていない」と警告メッセージが発せられることがあります。これを防ぐため前述(5)(a)で説明した1行目「#pragma warning disable CS0649」を記述し、この警告を非表示に設定しています。

(8) シーンの保存及び実行：シーン「SceneUITextBox」を上書き保存してから実行します。すると、【ゲームビュー】に変わり、ゲームオブジェクト「Aircraft」が前進し、飛行距離が画面下部に表示されます。★1.1.2【C】, 2.4.2(1)

※実行時に「NullReferenceException: Object reference not set to ‥‥」というエラーが発生した場合は、上記(7)の関連付けが未設定です。関連付けを行い、【コンソール】→ [消去]でエラーメッセージをクリアしてから再実行してください。

●図8-1-12　ExUITextBoxの実行結果

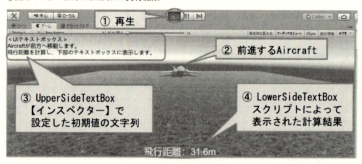

(9) 実行終了：実行結果を確認後、スクリプトの実行を終了します。★2.4.2(2)

▶▶▶ C#編演習4.3として上記を行った場合は、C#編4.1.4演習4.4へ進んでください。

8.2 ボタン

ボタンはクリックにより特定な処理を実行させるためのユーザーインターフェイスです。例えば、ゲームの特定のイベントを開始する際に使用します。

8.2.1 Buttonの作成・設定

（1）シーンの作成：シーン「BaseScene」を開き、[別名保存]にて保存先フォルダーを「￥Assets￥Scenes」とし、シーン名を「SceneUIButton」に変更して保存します。★1.1.2【C】

（2）ボタンの作成：【メニューバー】→ [ゲームオブジェクト] → [UI]（User Interface）→ [ボタン] → 【ゲームビュー】→ 画面中央あるいは画面左右端にボタンが配置されています。ヒエラルキーの「Canvas」内でも「Button」が確認できます。※【シーンビュー】ではボタンの配置がわかりにくいので、【ゲームビュー】にします。

●図8-2-1　ボタンの作成

（3）ボタンの各種設定

（a）名称設定：【ヒエラルキー】→ [Canvas] → [Button] → 【インスペクター】→ 最上部のゲームオブジェクト名の欄に名前を入力（ここでは、「Button」を「StartButton」に変更）→ Enter キー

（b）位置・大きさ設定：【インスペクター】→ [矩形トランスフォーム] → [アンカープリセット] = right-bottom（設定後、アンカープリセット画面の外側をクリック）→ [ピボット]のX = 1、Y=0 → 位置X=0、Y=0、Z=0 → 幅=100、高さ=30　★8.1.2

●図8-2-2　ボタンの設定（位置・大きさ）

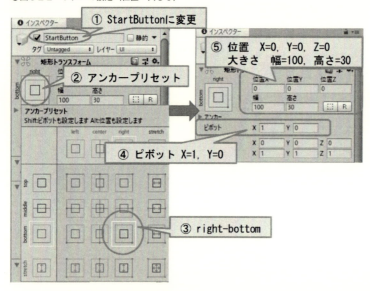

（ｃ）ボタンのテキストの設定：【ヒエラルキー】→ [Canvas] → [StartButton]の先頭の「▶」印 → [Text] → 【インスペクター】→ [テキスト(スクリプト)]の[テキスト]欄の文字列「Button」を「発信！」に変更

●図8-2-3　ボタンの設定（初期文字列）

（４）シーンの上書き保存：シーン「SceneUIButton」を上書き保存します。★1.1.2【C】

8.2.2　ボタンのクリック時の処理

　ユーザーが行うマウスのクリックやオペレーティングシステム（例：Windows 10）からの要求などを**イベント**といいます。そしてイベントが発生した際に呼び出されて起動するメソッドを**イベントハンドラー**[1]といいます。

---

1. イベントが発生したときに実行されるメソッドをイベントハンドラーといい、、イベントとイベントハンドラーを関係付けるしくみをイベントリスナーといいます。

174　第8章　ユーザーインターフェイス

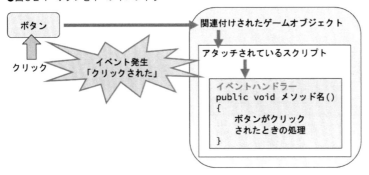
●図8-2-4　ボタンとイベントハンドラー

イベントハンドラーの書式を次に示します[2]。

●書式
```
public void メソッド名()
{
    イベントが発生したときの処理
}
```

●例
```
public void OnButtonClicked()
{
    Debug.Log("ボタンがクリックされた！");
}
```

　このメソッドのアクセス修飾子はpublicとし、どこからでもアクセスができるようにします。voidと（）については後述（★6.4.2）。メソッド名はPascal形式で表し、C#編3.3.6の識別子の命名ルールに従います。
　メソッド（イベントハンドラー）とボタンとを関係付けて、ボタンがクリックされたときにメソッドが実行されるように設定します。具体的な設定の操作は次項のサンプルスクリプトで説明します。

8.2.3　サンプルスクリプト ExUIButton（論理演算子版）

（1） シーンを開く：Unity編8.2.1で使用したシーン「SceneUIButton」を開きます。★1.1.2【C】
（2） テキストボックスの変更：次のとおり、テキストボックス「UpperSideTextBox」を変更します。★8.1.5(2)

　　　＜UIボタン＞
　　　ボタン「発進！」をクリックすると

---

2. メソッドの書式は他にもありますが、ここでは最も簡単な書式を使用します。詳しくはC#編6.4参照。

　　　　Aircraftが発進し、Z軸方向を往復します。
　　　　また、Z軸方向の位置を表示します。

テキストボックス「LowerSideTextBox」については変更しません。

（3）スクリプトファイル作成：【プロジェクト】内のフォルダー「￥Assets￥Scripts」を開いてから、そのフォルダー内にスクリプトファイルを新規作成し、名前を「ExUIButton」とします。そして、このスクリプトファイルを選択し、Visual Studioを起動します。★1.3.1【A】

（4）サンプルスクリプトの作成：ボタンをクリックするとゲームオブジェクトが動き出すスクリプトを作成しましょう。

●サンプルスクリプト　ExUIButton

```
01 #pragma warning disable CS0649
02 using UnityEngine;
03 using UnityEngine.UI;
04
05 namespace CSharpTextbook
06 {
07   public class ExUIButton : MonoBehaviour
08   {
09     [SerializeField] private Text lowerSideTextBox;
10     private bool canStart = false;
11
12     void Update()
13     {
14       if (!canStart) return;
15
16       var zVelocity = 5.0f;
17       transform.Translate(0.0f, 0.0f, zVelocity * Time.deltaTime);
18
19       const float MaxBorder = 15.0f;
20       const float MinBorder = 0.0f;
21       if (transform.position.z > MaxBorder || transform.position.z < MinBorder)
22       {
23         transform.Rotate(0.0f, 180.0f, 0.0f);
24       }
25
26       lowerSideTextBox.text = $"Z軸方向の位置：{transform.position.z:F1}m";
27     }
28
29     public void OnButtonClicked()
30     {
```

```
31        canStart = true;
32      }
33   }
34 }
```

(5) サンプルスクリプトの解説：
（a）9行目：テキストボックスを操作するためのフィールド lowerSideTextBox を宣言します。
（b）10行目：ゲームオブジェクトを移動（発進）させることを許可するか否かの情報を格納するフィールド canStart を定義します（初期値 false）。後でボタンの処理において、クリックした際に canStart を true にします。
（c）14行目：条件に否定の論理演算子を使い「!canStart」とします。canStart の初期値の状態では、return文（後述）が実行され Update メソッドは終了します（★5.3.2, 5.3.3）。その後ボタンがクリックされると、メソッド OnButtonClicked が実行され、canStart が true になります。すると、Update メソッドの return 文以降の文が実行されます。
（d）16～17行目：Z軸方向の速度を格納する変数 zVelocity を定義します。そして、距離＝速度×時間（zVelocity * Time.deltaTime）を計算した結果を transform.Translate 命令に渡して、ゲームオブジェクトを移動させます。
（e）19～20行目：この処理ではゲームオブジェクトを前後に往復移動させます。その範囲を示すため、定数 MaxBorder と MinBorder を定義します。
（f）21～24行目：ゲームオブジェクトのZ軸方向の位置は transform.position.z から得ることができます。この値が MaxBorder を越えたら、transform.Rotate 命令で反転（180°自転）します。また、MinBorder より小さくなっても反転します。よって、この条件を論理演算子の「||」（「または」の意味）で結合します。★9.2, 5.1.1

●図8-2-5　NaxBorder と MinBorder

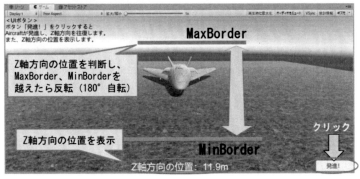

（g）26行目：ゲームオブジェクトのZ軸方向の位置 transform.position.z をテキストボックスに表示します。
（h）29～32行目：メソッド OnButtonClicked は、ボタンがクリックされたときにフィールド canStart に true を代入します。

（6）スクリプトファイルの上書き保存及びアタッチ：スクリプトファイル「ExUIButton」を上書き保存します。そして、このスクリプトをゲームオブジェクト「Aircraft」にアタッチします。★2.4.1

（7）フィールドとテキストボックスとの関連付け：フィールド「lowerSideTextBox」をテキストボックス「LowerSideTextBox」に関連付けます。★8.1.5(7)

（8）メソッドとボタンとの関連付け：ボタンがクリックされたときにメソッド「OnButtonClicked」が実行されるように設定します。

【ヒエラルキー】→ [Canvas] → [StartButton] → 【インスペクター】→ [ボタン(スクリプト)] → [クリック時()]欄の下部にある「＋」→ [なし(オブジェクト)]欄右端の◎ → [シーン]タブのリスト内からスクリプトをアタッチしたゲームオブジェクト（ここでは[Aircraft]）を選択しダブルクリック → [No Function]をクリックしリスト表示 → スクリプト名（ここでは[ExUIButton]）を選択 → イベントハンドラー（ここでは[OnButtonClicked()]）を選択

●図8-2-6　ボタンとイベントハンドラーの関連付け

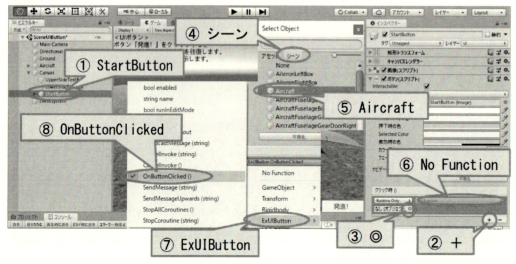

（9）シーンの保存及び実行：シーン「SceneUIButton」を上書き保存してから実行します。★1.1.2【C】, 2.4.2(1)

再生ボタンで実行してから、ゲームビューの右下端にあるボタン「発射！」をクリックします。するとゲームオブジェクト「Aircraft」がZ軸方向を往復運動します。

[実験8-2] 論理演算子

スクリプトに次の変更を加え、上書き保存後、実行します。その結果をよく観察し考察してみましょう。考察後はUnityエディターの【コンソール】の[消去]ボタンでエラーメッセージや警告をクリアします。また、Visual Studioのテキストエディターで Ctrl ＋ Z キーを押し、元のスクリプトに戻します。

（1）関係演算子のミス：21行目　「>」→「<」

```
21 if (transform.position.z > MaxBorder || transform.position.z < MinBorder)
```

↓

```
21 if (transform.position.z < MaxBorder || transform.position.z < MinBorder)
```

◎着目点：ゲームオブジェクト「Aircraft」はどのような動きをしましたか。そうなった理由を説明してください。

(2) 論理演算子のミス：21行目 「||」→「&&」

```
21 if (transform.position.z > MaxBorder || transform.position.z < MinBorder)
```

↓

```
21 if (transform.position.z > MaxBorder && transform.position.z < MinBorder)
```

◎着目点：ゲームオブジェクト「Aircraft」はどのような動きをしましたか。そうなった理由を説明してください。

(3) スクリプトファイルの上書き保存：
　実験で変更したものをすべて元に戻して、スクリプトファイル「ExUIButton」を上書き保存します。★1.3.3(4)
※再度スクリプトが正しく動作することを確認してください。

▶▶▶ C#編演習5-2として上記を行った場合は、C#編5.1.1演習5-3へ進んでください。

8.3 ドロップダウン

ドロップダウンはその部分をクリックすると選択肢のリストが表示され、その中から1つを選択しデータ入力できるユーザーインターフェイスです。

8.3.1 ドロップダウンの作成・設定

（1）シーンの作成：まず、シーン「BaseScene」を開き、[別名保存]にて保存先フォルダーを「¥Assets¥Scenes」とし、シーン名を「SceneUIDropdown」に変更して保存します。★1.1.2【C】

（2）ドロップダウンの作成：スクリプトで使用するドロップダウンを作成します。

【メニューバー】→ [ゲームオブジェクト] → [UI] (User Interface) → [ドロップダウン] → 【ゲームビュー】→ 画面中央あるいは画面左右端にドロップダウンが配置されています。ヒエラルキーの[Canvas]内でも[Dropdown]が確認できます。※【シーンビュー】ではドロップダウンの配置がわかりにくいので、【ゲームビュー】にします。

●図8-3-1　ドロップダウンの作成

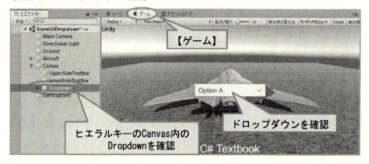

（3）ドロップダウンの各種設定

（a）名称設定：【ヒエラルキー】→ [Canvas] → [Dropdown] → 【インスペクター】→ 最上部のゲームオブジェクト名の欄に名前を入力（ここでは、「Dropdown」を「VelocityDropdown」に変更）→ Enter キー

（b）位置・大きさ設定：【インスペクター】→ [矩形トランスフォーム] → [アンカープリセット] = center-middle（設定後、アンカープリセット画面の外側をクリック）→ [ピボット]のX = 0.5、Y=0.5 → 位置X=0、Y=0、Z=0 → 幅=100、高さ=30　★8.1.2

●図8-3-2　ドロップダウンの設定（位置・大きさ）

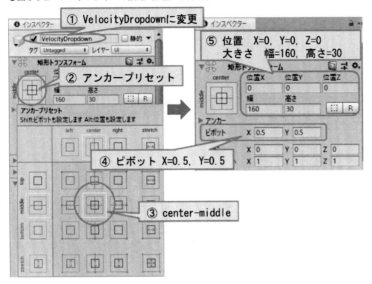

（c）選択肢の設定：【ヒエラルキー】→ [Canvas] → [VelocityDropdown] →【インスペクター】→ [ドロップダウン(スクリプト)]の[Options]欄の下側の「＋」→ [Options]欄の文字列「Option A」を「速度選択」に変更 →「Option B」を「低速」に変更、以下同様、「中速」「高速」に変更

●図8-3-3　ドロップダウンの選択肢

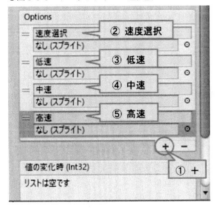

（4）シーンの上書き保存：シーン「SceneUIDropdown」を上書き保存します。★1.1.2【C】

8.3.2　ドロップダウンの選択時の処理

　ドロップダウンの選択肢が選ばれた際に呼び出されるメソッド（イベントハンドラー）を作成します。そして、メソッドとドロップダウンとを関係付けて、イベント発生時に実行されるように設定します。具体的な設定の操作は次項のサンプルスクリプトで説明します。★8.2.2

●図8-3-4　ドロップダウンとイベントハンドラー

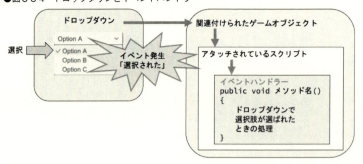

ドロップダウンを操作するためのフィールドの書式を次に示します。★8.1.4

●書式
```
[SerializeField] private Dropdown フィールド名
```

●例
```
[SerializeField] private Dropdown velocityDropdown;
```

　ドロップダウンは選択肢に0から始まる整数（int型）を割り当てます。すなわち、「速度選択」、「低速」、「中速」、「高速」にはそれぞれ0、1、2、3が設定されます。選択された選択肢の整数値を得るには、次のように記述します。

●書式
```
Dropdown型フィールド名あるいは変数名.value
```

●例
```
[SerializeField] private Dropdown velocityDropdown;
if (velocityDropdown.value == 3) {　（中略）　}
```

●図8-3-5　ドロップダウンの選択肢の扱い

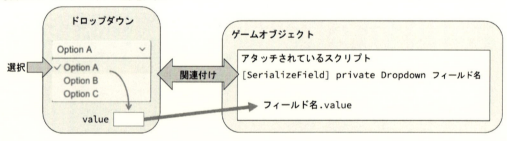

8.3.3　サンプルスクリプトExUIDropdown（if-else版）

（1）シーンを開く：Unity編8.3.1で使用したシーン「SceneUIDropdown」を開きます。★1.1.2【C】

(2) テキストボックスの変更：次のとおり、テキストボックス「UpperSideTextBox」を変更します。★8.1.5(2)

> ＜UIドロップダウン＞
> ドロップダウンの速度を選択すると
> Aircraftが指定した速度で回転します。
> また、回転速度を表示します。

テキストボックス「LowerSideTextBox」については変更しません。

(3) スクリプトファイル作成：【プロジェクト】内のフォルダー「¥Assets¥Scripts」を開いてから、そのフォルダー内にスクリプトファイルを新規作成し、名前を「ExUIDropdown」とします。そして、このスクリプトファイルを選択し、Visual Studioを起動します。★1.3.1【A】

(4) サンプルスクリプトの作成：ドロップダウンの選択肢で回転速度を指定すると、ゲームオブジェクトが回転するスクリプトを作成しましょう。

●サンプルスクリプト　ExUIDropdown（if-else版）

```
01  #pragma warning disable CS0649
02  using UnityEngine;
03  using UnityEngine.UI;
04
05  namespace CSharpTextbook
06  {
07      public class ExUIDropdown : MonoBehaviour
08      {
09          [SerializeField] private Text lowerSideTextBox;
10          [SerializeField] private Dropdown velocityDropdown;
11          private float angularVelocity = 0.0f;
12
13          void Start()
14          {
15              var initialPosition = new Vector3(0.0f, 3.0f, 40.0f);
16              transform.position = initialPosition;
17              var initialRotation = new Vector3(0.0f, 90.0f, 0.0f);
18              transform.eulerAngles = initialRotation;
19          }
20
21          void Update()
22          {
23              var point = new Vector3(0.0f, 0.0f, 20.0f);
24              var axis = new Vector3(0.0f, 1.0f, 0.0f);
25              var angle = angularVelocity * Time.deltaTime;
26              transform.RotateAround(point, axis, angle);
```

```
 27
 28         lowerSideTextBox.text = $"回転速度：{angularVelocity}° /s";
 29     }
 30
 31     enum VelocityLevel { None, Low, Medium, High }
 32
 33     public void OnDropdownValueChanged()
 34     {
 35         if (velocityDropdown.value == (int)VelocityLevel.Low)
 36         {
 37             angularVelocity = 20.0f;
 38         }
 39         else if (velocityDropdown.value == (int)VelocityLevel.Medium)
 40         {
 41             angularVelocity = 100.0f;
 42         }
 43         else if (velocityDropdown.value == (int)VelocityLevel.High)
 44         {
 45             angularVelocity = 200.0f;
 46         }
 47         else
 48         {
 49             angularVelocity = 0.0f;
 50         }
 51     }
 52 }
 53 }
```

(5) サンプルスクリプトの解説：

（a）3行目：ユーザーインターフェイスのテキストボックスとドロップダウンを使用するため、UnityEngine.UIをusingディレクティブに指定します。

（b）9～10行目：テキストボックスを操作するためのフィールドlowerSideTextBox及びドロップダウンを操作するフィールドvelocityDropdownを宣言します。

（c）11行目：ゲームオブジェクトを回転させる際の回転速度を格納するフィールドangularVelocityを定義します。

（d）15～18行目：位置の初期値を変数initialPositionに設定し、それを用いてtransform.position命令でゲームオブジェクトの位置を設定します。同様に、変数initialRotationを用いてtransform.eulerAngles命令で向きを設定します。

（e）23～26行目：回転の位置point、回転軸の向きaxisの初期値を設定します。回転角度angleは角速度×時間（angularVelocity * Time.deltaTime）により求めます。これらを

transform.RotateAround命令に渡してゲームオブジェクトを回転させます。★9.3.1
（f）28行目：ゲームオブジェクトの角速度angularVelocityをテキストボックスに表示します。なお、表示では角速度を「回転速度」と表記しています。
（g）31行目：回転速度は低速、中速、高速の3種類とします。これらを定数として扱うために列挙型VelocityLevelを定義します。各列挙子にはNone=0、Low=1、Midium=2、High=3が割り当てられます。★4.2.3
（h）33～51行目：OnDropdownValueChangedはドロップダウンで選択肢を選んだ際に呼び出されるメソッド（イベントハンドラー）です。ドロップダウンで速度の選択肢を選ぶと、それに対応した整数値がvelocityDropdown.valueに格納されます。その値は「速度選択」=0、「低速」=1、「中速」=2、「高速」=3となります。これをif文で列挙型VelocityLevelと比較し、それぞれの角速度angularVelocityの値を設定します。なお、「低速」「中速」「高速」以外はangularVelocityの値をゼロとします。

（6）スクリプトファイルの上書き保存及びアタッチ：スクリプトファイル「ExUIDropdown」を上書き保存します。そして、このスクリプトをゲームオブジェクト「Aircraft」にアタッチします。★2.4.1

（7）フィールドとテキストボックス及びドロップダウンとの関連付け：

　フィールド「lowerSideTextBox」をテキストボックス「LowerSideTextBox」に関連付けます。同様に、フィールド「velocityDropdown」をドロップダウン「VelocityDropdown」に関連付けます。★8.1.5(7)

（8）メソッドとドロップダウンとの関連付け：ドロップダウンの選択肢が選ばれたときにメソッド「OnDropdownValueChanged」が実行されるように設定します。

　【ヒエラルキー】 → [Canvas] → [VelocityDropdown] → 【インスペクター】 → [ドロップダウン(スクリプト)] → [値の変化時]欄の下部にある「＋」 → [なし(オブジェクト)]欄右端の◎ → [シーン]タブのリスト内からスクリプトをアタッチしたゲームオブジェクト[Aircraft]を選択しダブルクリック → [No Function]をクリックしリスト表示 → スクリプト[ExUIDropdown]を選択 → イベントハンドラー[OnDropdownValueChanged()]を選択

●図8-3-6　ドロップダウンのイベントハンドラーの設定

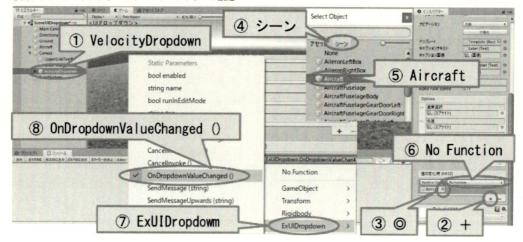

（9）シーンの保存及び実行：シーン「SceneUIDropdown」を上書き保存してから実行します。★1.1.2【C】，2.4.2(1)

　再生ボタンで実行してから、ゲームビューの中央にあるドロップダウンの「低速」（あるい「中速」、「高速」）を選択します。するとゲームオブジェクト「Aircraft」が指定した速度で回転します。

●図8-3-7　ExUIDropdownの実行結果

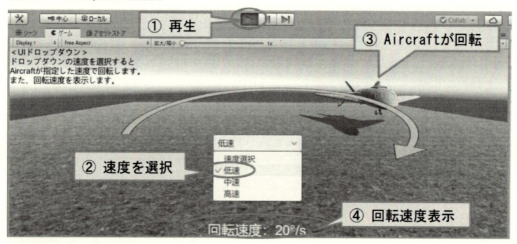

［実験8-3(1)］if-else文

　スクリプトに次の変更を加え、上書き保存後、実行します。その結果をよく観察し考察してみましょう。考察後はUnityエディターの【コンソール】の[消去]ボタンでエラーメッセージや警告をクリアします。また、Visual Studioのテキストエディターで Ctrl + Z キーを押し、元のスクリプトに戻します。

（1）関係演算子のミス：35行目　「==」→「=」

```
35 if (velocityDropdown.value == (int)VelocityLevel.Low)
```

↓

```
35 if (velocityDropdown.value = (int)VelocityLevel.Low)
```

◎着目点：どのようなエラーメッセージが表示されましたか。なぜそのようなエラーメッセージになったのか、考えましょう。ヒント：算術演算子「==」が代入演算子「=」として働いています。この式はどんな型を返すでしょうか。★5.1.1

(2) elseのミスその1：39行目　elseを削除

```
39 else if (velocityDropdown.value == (int)VelocityLevel.Medium)
```

↓

```
39 if (velocityDropdown.value == (int)VelocityLevel.Medium)
```

◎着目点：「中速」と「低速」のとき、どんな動きをしましたか。その理由を説明してください。

(3) elseのミスその2：47行目　elseを削除

```
47       else   ←この行を削除
```

◎着目点：「低速」、「中速」、「高速」のとき、どんな動きをしましたか。その理由を説明してください。

(4) enumの値：35行目　キャスト(int)を削除

```
35 if (velocityDropdown.value == (int)VelocityLevel.Low)
```

↓

```
35 if (velocityDropdown.value == VelocityLevel.Low)
```

◎着目点：どのようなエラーメッセージが表示されましたか。なぜそのようなエラーメッセージになったのか、考えてみましょう。★4.2.3

(5) スクリプトファイルの上書き保存：
　実験で変更したものをすべて元に戻して、スクリプトファイル「ExUIDropdown」を上書き保存します。★1.3.3(4)
※再度スクリプトが正しく動作することを確認してください。

▶▶▶ C#編演習5-3として上記を行った場合は、C#編5.1.2へ進んでください。

8.3.4　サンプルスクリプトExUIDropdown（switch版）

　C#編5.1.5を学んだ後にシーン「SceneUIDropdown」を開き、スクリプトファイル「ExUIDropdown」のメソッド「OnDropdownValueChanged」を下記のとおり変更します。そしてスクリプトファイルを上書きし実行します。正しく動作することを確認してください。

●サンプルスクリプト　ExUIDropdown（switch版、33～50行目）
```
33 public void OnDropdownValueChanged()
34 {
35   switch (velocityDropdown.value)
36   {
37     case (int)VelocityLevel.Low:
38       angularVelocity = 20.0f;
39       break;
40     case (int)VelocityLevel.Medium:
41       angularVelocity = 100.0f;
42       break;
43     case (int)VelocityLevel.High:
44       angularVelocity = 200.0f;
45       break;
46     default:
47       angularVelocity = 0.0f;
48       break;
49   }
50 }
```

[実験8-3(2)] switch文
　スクリプトに次の変更を加え、上書き保存後、実行します。その結果をよく観察し考察してみましょう。考察後はUnityエディターの【コンソール】の[消去]ボタンでエラーメッセージや警告をクリアします。また、Visual Studioのテキストエディターで Ctrl + Z キーを押し、元のスクリプトに戻します。

（1） breakのミス：39行目　breakを削除

```
39    break;      ←この行を削除
```

◎着目点：エラーメッセージを確認してください。

（2）フォールスルー：38〜39行目を削除

```
38    angularVelocity = 20.0f;    ←この行を削除
39    break;      ←この行を削除
```

◎着目点：「低速」、「中速」、「高速」のとき、どんな動きをしましたか。その理由を説明してください。★5.1.2 フォールスルー参照

（3）スクリプトファイルの上書き保存：実験で変更したものをすべて元に戻して、スクリプトファイル「ExUIDropdown」を上書き保存します。★1.3.3(4)
※再度スクリプトが正しく動作することを確認してください。

▶▶▶C#編演習5-4として上記を行った場合は、C#編5.1.3へ進んでください。

8.4　入力フィールド

入力フィールドはキーボードからテキストボックスへデータ入力できるユーザーインターフェイスです。例えば、プレイヤー名を入力し登録したり、検索するなどの処理に使用できます。

8.4.1　入力フィールドの作成・設定

（1）シーンの作成：まず、シーン「BaseScene」を開き、[別名保存]にて保存先フォルダーを「¥Assets¥Scenes」とし、シーン名を「SceneUIInputField」に変更して保存します。★1.1.2【C】

（2）入力フィールドの作成：【メニューバー】→ [ゲームオブジェクト] → [UI]（User Interface）→ [入力フィールド] → 【ゲームビュー】→ 画面中央あるいは画面左右端にドロップダウンが配置されています。ヒエラルキーの[Canvas]内でも[InputField]が確認できます。※【シーンビュー】ではドロップダウンの配置がわかりにくいので、【ゲームビュー】にします。

●図8-4-1　入力フィールドの作成

（3）入力フィールドの設定

（a）名称設定：【ヒエラルキー】→ [Canvas] → [InputField] → 【インスペクター】→ 最上部のゲームオブジェクト名の欄に名前を入力（ここでは、「InputField」を「PlayerInputField」に変更）→ Enter キー

（b）位置・大きさ設定：【インスペクター】→ [矩形トランスフォーム] → [アンカープリセット] = center-middle（設定後、アンカープリセット画面の外側をクリック）→ [ピボット]のX = 0.5、Y=0.5 → 位置X=0、Y=0、Z=0 → 幅=100、高さ=30　★8.1.2

●図8-4-2　入力フィールドの設定（位置・大きさ）

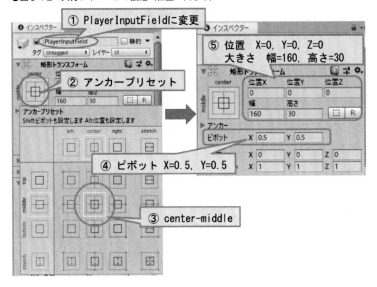

（c）プロンプト設定：入力を促すメッセージをプロンプトといいます。ここでは入力フィールドに「IDを入力」というメッセージを設定します。

　　【ヒエラルキー】→ [Canvas] → [PlayerInputField]の先頭の▶ → [Placeholder] → 【インスペクター】→ [テキスト(スクリプト)]のテキスト欄 →「Enter text...」を「IDを入力」に変更

●図8-4-3　入力フィールドの設定（プロンプト）

(4) シーンの上書き保存：シーン「SceneUIInputField」を上書き保存します。★1.1.2【C】

8.4.2　入力フィールドへの入力完了時の処理

　入力フィールドにデータが入力された際に呼び出されるメソッド（イベントハンドラー）を作成します。そして、メソッドと入力フィールドとを関係付けて、イベント発生時に実行されるように設定します。具体的な設定の操作は次項のサンプルスクリプトで説明します。

第8章　ユーザーインターフェイス　191

●図8-4-4　入力フィールドとイベントハンドラー

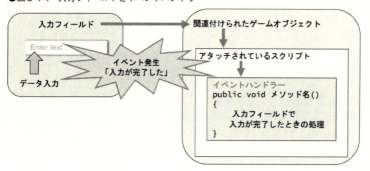

入力フィールドを操作するためのフィールドの書式を次に示します。★8.1.4

●書式
[SerializeField] private InputField フィールド名

●例
[SerializeField] private InputField playerInputField;

入力フィールドに入力されたデータを得るには、次のように記述します。

●書式
InputField型フィールド名あるいは変数名.text

●例
[SerializeField] private InputField playerInputField;
var inputData = playerInputField.text;

実行時に入力フィールド内にカーソルを位置付けるには、次のように記述します。

●書式
InputField型フィールド名あるいは変数名.ActivateInputField();

●例
[SerializeField] private InputField playerInputField;
playerInputField.ActivateInputField();

8.4.3　サンプルスクリプトExUIInputField（線形探索版）

（1）シーンを開く：Unity編8.4.1で使用したシーン「SceneUIInputField」を開きます。★1.1.2【C】

(2) テキストボックスの変更：次のとおり、テキストボックス「UpperSideTextBox」を変更します。★8.1.5(2)

> ＜UI入力フィールド＞
> キーボードを半角英数モードに設定します。
> 入力フィールドへプレイヤーのID（例えばA789）を
> 入力すると、プレイヤーリストからそのIDを持つプレイヤーの
> 名前を検索して、下部のテキストボックスに表示します。

テキストボックス「LowerSideTextBox」については変更しません。

(3) スクリプトファイル作成：【プロジェクト】内のフォルダー「￥Assets￥Scripts」を開いてから、そのフォルダー内にスクリプトファイルを新規作成し、名前を「ExUIInputField」とします。そして、このスクリプトファイルを選択し、Visual Studioを起動します。★1.3.1【A】

(4) サンプルスクリプトの作成：入力フィールドを使ってプレイヤーのIDを入力し、プレイヤーリストからそのIDを持つプレイヤー名を検索して表示するスクリプトを作成しましょう。

●サンプルスクリプト　ExUIInputField（線形探索）

```
01  #pragma warning disable CS0649
02  using UnityEngine;
03  using UnityEngine.UI;
04
05  namespace CSharpTextbook
06  {
07    public class ExUIInputField : MonoBehaviour
08    {
09      [SerializeField] private Text lowerSideTextBox;
10      [SerializeField] private InputField playerInputField;
11      // 学習の都合上、ここではIDと名前の2つの配列ですが、
12      // クラスの学習後に両者をひとまとめにして1つの配列にします。
13      private string[] IDList = { "Z123", "P456", "A789" };
14      private string[] names = { "北海太郎", "千葉花子", "大阪一郎" };
15
16      void Start()
17      {
18        playerInputField.ActivateInputField();
19      }
20
21      public void OnInputFieldEndEdit()
22      {
23        var i = 0;
24        while (i < IDList.Length && IDList[i] != playerInputField.text)
25        {
```

```
26          i++;
27        }
28        lowerSideTextBox.text = i < IDList.Length
   >>>       ? $"プレイヤー名:{names[i]}" : "正しいIDを入力してください。";
29        playerInputField.ActivateInputField();
30     }
31  }
32 }
```

(5) サンプルスクリプトの解説：
（a）3行目：ユーザーインターフェイスのテキストボックスと入力フィールドを使用するため、UnityEngine.UI を using ディレクティブに指定します。
（b）9〜10行目：テキストボックスを操作するためのフィールド lowerSideTextBox 及び入力フィールドを操作するフィールド playerInputField を宣言します。★8.1.4
（c）13〜14行目：複数のプレイヤー達のIDと名前を格納するため、配列 IDList と names を定義します。
（d）18行目：Start メソッドで入力フィールド内にカーソルを位置付けます。★8.4.2
（e）21行目：OnInputFieldEndEdit は入力フィールドへデータ入力が完了したときに呼び出されるメソッド（イベントハンドラー）です。
（f）23〜27行目：ループカウンター i を定義します（初期値 0）。そして、while 文によりループカウンターが配列の長さを超えず、かつ配列要素 IDList[i] と入力データ playerInputField.text が一致しない間ループを繰り返します。ループするたびにループカウンター i は1つずつ増加します。もし、IDList[i] と入力データが一致すればループを終了します。このとき、このIDを持つプレイヤーの名前は names[i] となります。また、一致しない場合は配列要素の最後まで比較し、条件「i < IDList.Length」を満たさずに、ループを終了します。
（g）28行目：条件演算子を用いて条件「i < IDList.Length」を調べ、true ならプレイヤーの名前 names[i] を、false ならば文字列 "正しいIDを入力してください。" を lowerSideTextBox.text に代入し、ゲームビュー下部のテキストボックスに表示します。★5.1.3
（h）29行目：再入力のために改めて入力フィールド内にカーソルを位置付けます。★8.4.2
（i）このように先頭から順番に要素を比較して探索していく方法を**線形探索**といいます。この他に、二分探索などがあります。興味がある人は探索アルゴリズムを調べてみましょう。

(6) スクリプトファイルの上書き保存：スクリプトファイル「ExUIInputField」を上書き保存します。★1.3.3(4)

(7) 空のゲームオブジェクトの作成：入力フィールドを管理するため、空のゲームオブジェクトを作成します。★9.8.3(7)

【ヒエラルキー】→ どのゲームオブジェクトも選択していない状態にします → 【メニューバー】→ [ゲームオブジェクト] → [空のオブジェクトを作成] → 名前を「InputFieldController」に変更 → 【インスペクター】→ [トランスフォーム] → 位置、角度はすべて 0、拡大/縮小はすべて 1 に設定（形

がないゲームオブジェクトであるため、この設定値には特に意味がありませんが、ここでは座標原点に位置付けます。)

（8）アタッチ：スクリプト「ExUIInputField」をゲームオブジェクト「InputFieldController」にアタッチします。★2.4.1

（9）フィールドとテキストボックス及び入力フィールドとの関連付け：フィールド「lowerSideTextBox」をテキストボックス「LowerSideTextBox」に関連付けます。同様に、フィールド「playerInputField」を入力フィールド「PlayerInputField」に関連付けます。★9.1.5(7)

（10）メソッドと入力フィールドとの関連付け：入力フィールドへデータ入力が完了したときにメソッド「OnInputFieldEndEdit」が実行されるように設定します。

【ヒエラルキー】→ [Canvas] → [PlayerInputField] → 【インスペクター】→ [入力フィールド(スクリプト)] → [入力完了時]欄の下部にある「＋」→ [なし(オブジェクト)]欄右端の◎ → [シーン]タブのリスト内からスクリプトをアタッチしたゲームオブジェクト[InputFieldController]を選択しダブルクリック → [No Function]をクリックしリスト表示 → スクリプト[ExUIInputField]を選択 → イベントハンドラー[OnInputFieldEndEdit()]を選択 → これで入力フィールドへデータ入力が完了したときに呼び出されるイベントハンドラーを指定することができました。

●図8-4-5　入力フィールドのイベントハンドラーの設定

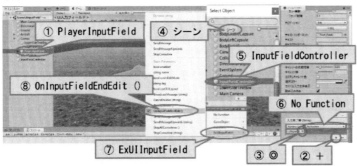

（11）シーンの保存及び実行：シーン「SceneUIInputField」を上書き保存してから実行します。★1.1.2【C】, 2.4.2(1)

キーボードを半角英数モードにしてから、再生ボタンを押します。入力フィールドへ例えば「A789」を入力すると「プレイヤー名：大阪一郎」と表示されます。不正なIDを入力すると「正しいIDを入力してください。」と表示されます。

●図8-4-6　ExUIInputFieldの実行結果

▶▶▶ C#編演習5-10として上記を行った場合は、C#編5.3へ進んでください。

8.4.4　サンプルスクリプトExUIInputField（クラス版）

（1） シーン及びスクリプトを開く：C#編6.1～6.11を学んだ後に、Unity編8.4.3で使用したシーン「SceneUIInputField」を開きます。そして、スクリプトファイル「ExUIInputField」を選択し、Visual Studioを起動します。★1.3.1【A】

（2） サンプルスクリプトの作成：クラスを使った線形探索のスクリプトを作成しましょう。

●サンプルスクリプト　ExUIInputField（クラス版）

```
01  #pragma warning disable CS0649
02  using UnityEngine;
03  using UnityEngine.UI;
04
05  namespace CSharpTextbook
06  {
07      public class Player
08      {
09          public string ID { get; set; }
10          public string Name { get; set; }
11
12          public Player(string id, string name)
13          {
14              ID = id;
15              Name = name;
16          }
17      }
18
19      public class ExUIInputField : MonoBehaviour
```

```
20  {
21    [SerializeField] private Text lowerSideTextBox;
22    [SerializeField] private InputField playerInputField;
23
24    private Player[] players = new Player[]
25    {
26      new Player("Z123", "北海太郎"),
27      new Player("P456", "千葉花子"),
28      new Player("A789", "大阪一郎")
29    };
30
31    void Start()
32    {
33      playerInputField.ActivateInputField();
34    }
35
36    public void OnInputFieldEndEdit()
37    {
38      var i = 0;
39      while (i < players.Length && players[i].ID != playerInputField.text)
40      {
41        i++;
42      }
43      lowerSideTextBox.text = i < players.Length
      >>>    ? $"プレイヤー名:{players[i].Name}" : "正しいIDを入力してください。";
44      playerInputField.ActivateInputField();
45    }
46  }
47 }
```

（**3**）サンプルスクリプトの解説：
（a）7〜17行目：クラスPlayerを定義します。
（b）9〜10行目：プレイヤーのIDと名前を、自動プロパティを使い定義します。★6.5
（c）12〜16行目：コンストラクターです。パラメーターとしてIDと名前を受け取り、プロパティに代入します。★6.6
（d）24〜29行目：複数のプレイヤー達の情報を格納するため、クラスの配列Playersを定義します。各配列要素に初期値を設定します。
（e）31行目以降：前述の線形探索の処理と同様です。Unity編8.4.3(5)(e)〜(i)を参照してください。

（**4**）スクリプトファイルの上書き保存：スクリプトファイル「ExUIInputField」を上書き保存します。★1.3.3(4)

（5）アタッチ：このスクリプトはUnity編8.4.3にて既にゲームオブジェクト「InputFieldController」にアタッチされていますが、そうでない場合はアタッチします。★2.4.1

（6）フィールドとテキストボックス及び入力フィールドとの関連付け：前節にて既に関連付けられていますが、念のためフィールド「lowerSideTextBox」がテキストボックス「LowerSideTextBox」に関連付けられていることを確認します。同様に、フィールド「playerInputField」と入力フィールド「PlayerInputField」も確認します。★8.1.5(7)

（7）メソッドと入力フィールドとの関連付け：入力フィールドへデータ入力が完了時のイベントハンドラーが設定されているか確認しましょう。

【ヒエラルキー】 → [Canvas] → [PlayerInputField] → 【インスペクター】 → [入力フィールド(スクリプト)] → [入力完了時]欄 → ゲームオブジェクト[InputFieldController]にアタッチされているスクリプト[ExUIInputField]にあるイベントハンドラー[OnInputFieldEndEdit()]が設定されていることを確認します。★8.4.3(10)

（8）シーンの保存及び実行：シーン「SceneUIInputField」を上書き保存してから実行します。★1.1.2【C】，2.4.2(1)

　キーボードを半角英数モードにしてから、再生ボタンを押します。入力フィールドへ例えば「A789」を入力すると「プレイヤー名：大阪一郎」と表示されます。不正なIDを入力すると「正しいIDを入力してください。」と表示されます。

▶▶▶C#編演習6-2として上記を行った場合は、C#編6.12へ進んでください。

第9章　ゲームオブジェクトの操作

9.1 ゲームオブジェクトの移動

ここでは、スクリプトを使ってゲームオブジェクトを上下・左右・前後に移動させる方法を学びます。

9.1.1 Translate

transform.Translate命令[1]で、ゲームオブジェクトを移動させることができます。その書式を次に示します。

●書式1
```
transform.Translate(X軸方向の移動距離，Y軸方向の移動距離，Z軸方向の移動距離，座標系)
```

●書式2
```
transform.Translate(Vector3型の移動距離，座標系)   ※Vextor3については後述
```

●表9-1-1 座標系の指定

座標系	キーワード	備考
ローカル座標系	Space.Self	省略可
ワールド座標系	Space.World	省略不可

●例1
```
transform.Translate(1.0f, 0.0f, 0.0f, Space.World);
```

●例2
```
Vector3 distance = new Vector3 (0.1f, 0.0f, 0.0f);
transform.Translate(distance);
```

transform.Translateには、現在の位置から移動する距離を指定します。距離の単位はメートル（m）です。また、ローカル座標系あるいはワールド座標系を指定します。下図のとおり、ローカル座標系はゲームオブジェクトを選択した際にゲームオブジェクト上に表示されるギズモが示す座標系です。ワールド座標系は【シーンビュー】の右上隅にあるシーンギズモが示す座標系です。座標

---

[1] 本書では初心者がわかりやすいようにメソッドを「命令」と表記しています。

系の指定を省略するとローカル座標系とみなされます。Unityの多くの命令では、位置や角度などを表す値はfloat型が使われます。C#では0.1などの表記はdouble型とみなされるため、0.1fのようにサフィックスfを付けてfloat型にして位置や角度などを指定します。

●図9-1-1　ローカル座標系とワールド座標系

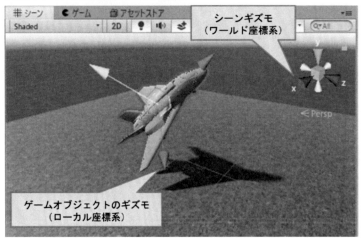

9.1.2　サンプルスクリプトExTranslate（リテラル版）

（1）シーンを開く：C#編3.1～3.2を学んだ後に、C#編2.4で使用したシーン「SceneTranslate」を開きます。★1.1.2【C】

（2）テキストボックスの変更：次のとおり、テキストボックス「UpperSideTextBox」を変更します。

　　《Unityエディター》→【ヒエラルキー】→ [Canvas] → [UpperSideTextBox] →【インスペクター】→ [テキスト(スクリプト)] → [テキスト]欄を次のとおり変更します。★8.1.5(2)

　　＜ゲームオブジェクトの移動＞
　　Aircraftが上方・前方へ移動します。

同様にテキストボックス「LowerSideTextBox」の[テキスト]欄を空白にします。

（3）スクリプトファイルの選択及びVisual Studioの起動：C#編1.3.2で使用したスクリプトファイル「ExTranslate」を選択し、Visual Studioを起動します。★1.3.1【A】

（4）サンプルスクリプトの作成：ゲームオブジェクトが進む（移動する）スクリプトを作成しましょう。第1章でスクリプトエディターの練習として作成した「ExTranslate」を、次のように変更します。

●サンプルスクリプト　ExTranslate（リテラル版）
```
01 using UnityEngine;
02
03 namespace CSharpTextbook
```

```
04  {
05      public class ExTranslate : MonoBehaviour
06      {
07          void Update()
08          {
09              transform.Translate(0.0f, 0.01f, 0.1f);
10          }
11      }
12  }
```

(5) サンプルスクリプトの解説：

(a) 使用しないusingディレクティブの一部やメソッドStart、コメントは削除してあります。

(b) 9行目：transform.TranslateのX、Y、Z軸方向の移動距離の箇所に、直接リテラルを記述しています。座標系指定が省略されているため、Space.Selfとみなされます。ゲームオブジェクトのローカル座標系は、Y軸方向が上方、Z軸方向が前方となりますので、メソッドUpdateで画面が更新されるたびに、ゲームオブジェクトは上方に0.01、前方に0.1だけ移動していきます。

(6) スクリプトファイルの上書き保存及びアタッチ：スクリプトファイル「ExTranslate」を上書き保存します。このスクリプトはC#編2.4.1にて既にゲームオブジェクト「Aircraft」にアタッチされていますが、そうでない場合はアタッチします。★1.3.3(4), 2.4.1

(7) シーンの保存及び実行：シーン「SceneTranslate」を上書き保存してから、実行します。★1.1.2【C】, 2.4.2(1)

実行時、下図のとおりゲームオブジェクト「Aircraft」が飛び立っていきます。

●図9-1-2　ExTranslateの実行結果

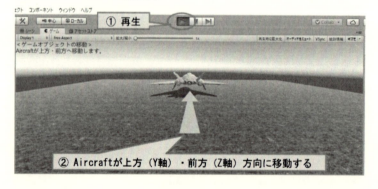

(8) 実行終了：実行結果を確認後、スクリプトの実行を終了します。★2.4.2(2)

[実験9-1(1)] transform.Translate及びリテラル

スクリプトに次の変更を加え、上書き保存後、実行します。その結果をよく観察し考察してみましょう。考察後はUnityエディターの【コンソール】の[消去]ボタンでエラーメッセージや警告をク

リアします。また、Visual Studioのテキストエディターで Ctrl + Z キーを押し、元のスクリプトに戻します。

●図9-1-3 コンソールウインドウの消去

(1) 移動量の変更：9行目　0.1f→1.0f

```
09 transform.Translate(0.0f, 0.01f, 0.1f);
```

↓

```
09 transform.Translate(0.0f, 0.01f, 1.0f);
```

◎着目点：移動速度はどうなりましたか。

(2) 移動距離の符号変更：9行目　0.1f→ -0.1f

```
09 transform.Translate(0.0f, 0.01f, 0.1f);
```

↓

```
09 transform.Translate(0.0f, 0.01f, -0.1f);
```

◎着目点：移動の向きはどうなりましたか。Z軸方向の正の向きはどっちですか。

(3) 移動方向を示す軸の変更その１：9行目　(0.0f, 0.01f, 0.1f) → (0.1f, 0.01f, 0.0f)

```
09 transform.Translate(0.0f, 0.01f, 0.1f);
```

↓

```
09 transform.Translate(0.1f, 0.01f, 0.0f);
```

◎着目点：どの方向へ移動しましたか。ローカル座標系の軸方向を確認し、移動した方向を考えましょう。

(4) 移動方向を示す軸の変更その２：前項の変更を戻さずに、さらにzも0.1fに変更

```
09 transform.Translate(0.0f, 0.01f, 0.0f);
```

↓

```
09 transform.Translate(0.1f, 0.01f, 0.1f);
```

◎着目点：どの方向へ移動しましたか。ローカル座標系の軸方向を確認し、移動した方向を考えましょう。
※動作確認後、transform.Translate(0.0f, 0.01f, 0.1f);に戻します。

(5) 座標系の変更：
（a）まず、ゲームオブジェクト「Aircraft」のトランスフォームの値を変更します。
　　《Unityエディター》→【ヒエラルキー】→ [Aircraft] →【インスペクター】→ [トランスフォーム]を下表のとおり変更します。

トランスフォーム	Aircraft					
位置	X	0	Y	0	Z	0
回転	X	0	Y	45	Z	0
拡大/縮小	X	1	Y	1	Z	1

（b）すると、下図のようにAircraftが45°回転します。すると、ワールド座標系のZ軸方向とローカル座標のZ軸の方向が45°だけずれることになります。

●図9-1-4 座標系の違い

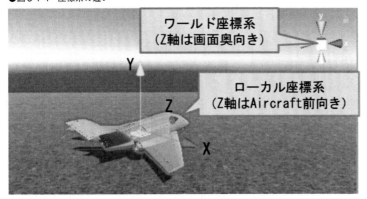

（c）そして、①と②を比較してみよう。
　　①スクリプトは変更せずに、transform.Translate(0.0f, 0.01f, 0.1f);のままで実行
　　◎着目点：どの方向へ移動しましたか。ローカル座標系、ワールド座標系どちらの座標系に従い移動しましたか。
　　②スクリプトを次のとおり変更して実行：Space.Worldを追加

```
09 transform.Translate(0.0f, 0.01f, 0.1f);
```

↓

```
09 transform.Translate(0.0f, 0.01f, 0.1f, Space.World)
```

◎着目点：どの方向へ移動しましたか。ローカル座標系、ワールド座標系どちらの座標系に従い移動しましたか。この実験で、ローカル座標系とワールド座標系の違いを確認しましょう。
　動作を確認後、トランスフォームの値を元に戻します。
　《Unityエディター》→【ヒエラルキー】→[Aircraft]→【インスペクター】→[トランスフォーム]→[回転]の[Y] = 0
　また、Space.Worldを削除し元に戻します。
（6） サフィックスの削除：Z軸の値のサフィックスfを削除

```
09 transform.Translate(0.0f, 0.01f, 0.1f);
```

↓

```
09 transform.Translate(0.0f, 0.01f, 0.1);
```

◎着目点：エラーメッセージを確認します。0.1の型は何ですか。Translateで使用する移動距離の型はfloat型です。エラーの理由を説明してください。

(7) スクリプトファイルの上書き保存：実験で変更したものをすべて元に戻して、スクリプトファイル「ExTranslate」を上書き保存します。★1.3.3(4)
※再度スクリプトが正しく動作することを確認してください。

▶▶▶ C#編演習3-1として上記を行った場合は、C#編3.3へ進んでください。

9.1.3　サンプルスクリプトExTranslate（変数版）

(1) シーン及びスクリプトを開く：C#編3.3.1～3.3.2を学んだ後に、シーン「SceneTranslate」を開きます。そして、Unity編9.1.2で使用したスクリプトファイル「ExTranslate」を選択し、Visual Studioを起動します。★1.1.2【C】,1.3.1【A】
(2) サンプルスクリプトの作成：変数を使ってゲームオブジェクトが進む（移動する）スクリプトを作成しましょう。

●サンプルスクリプト　ExTranslate（変数版）
```
01 using UnityEngine;
02
03 namespace CSharpTextbook
04 {
05   public class ExTranslate : MonoBehaviour
06   {
07     void Update()
08     {
09       var x = 0.0f;
10       var y = 0.01f;
11       var z = 0.1f;
12       transform.Translate(x, y, z);
13     }
14   }
15 }
```

(3) サンプルスクリプトの解説：
（a）9～11行目：ローカル座標系のX、Y、Z各軸方向へ移動する距離を格納する変数x、y、zを定義します。初期値はx=0.0f、y=0.01f、z=0.1fです。
（b）12行目：変数x、y、zを`transform.Translate`命令に渡します。座標系指定が省略されているため、`Space.Self`とみなされます。ゲームオブジェクトのローカル座標系は、Y軸方向が上方、Z軸方向が前方となりますので、メソッド`Update`で画面が更新されるたびに、ゲームオブジェクトは上方に`0.01`、前方`0.1`だけ移動していきます。
(4) スクリプトファイルの上書き保存及びアタッチ：スクリプトファイル「ExTranslate」を上書き保存します。このスクリプトはC#編2.4.1にて既にゲームオブジェクト「Aircraft」にアタッチさ

れていますが、そうでない場合はアタッチします。★1.3.3(4), 2.4.1

（5）シーンの保存及び実行：シーン「SceneTranslate」を上書き保存してから実行します。実行時の動きは前述の9.1.2(7)と同じです。★1.1.2【C】, 2.4.2(1)

（6）実行終了：実行結果を確認後、スクリプトの実行を終了します。★2.4.2(2)

[実験9-1(2)] 変数及びデータの型

　スクリプトに次の変更を加え、上書き保存後、実行します。その結果をよく観察し考察してみましょう。考察後はUnityエディターの【コンソール】の[消去]ボタンでエラーメッセージや警告をクリアします。また、Visual Studioのテキストエディターで Ctrl + Z キーを押し、元のスクリプトに戻します。

（1）誤った型の指定：9行目　var→int

```
09 var x = 0.0f;
```

↓

```
09 int x = 0.0f;
```

◎着目点：エラーメッセージを確認します。エラーの理由を説明してください。

（2）サフィックスの削除その1：9行目　0.0fのfを削除

```
09 var x = 0.0f;
```

↓

```
09 var x = 0.0;
```

◎着目点：エラーが発生した箇所はどこですか（修正した9行目ではない！）。変数xの型は何ですか。Translateで使用する移動距離の型はfloat型です。エラーの理由を説明してください。

（3）サフィックスの削除その2：9行目　0.0f→0

```
09 var x = 0.0f;
```

↓

```
09　var x = 0;
```

◎着目点：xの型は何ですか。Translateで使用する移動距離の型はfloat型です。エラーしない理由を説明してください。

(4) スクリプトファイルの上書き保存：実験で変更したものをすべて元に戻して、スクリプトファイル「ExTranslate」を上書き保存します。★1.3.3(4)
※再度スクリプトが正しく動作することを確認してください。

▶▶▶ C#編演習3-2として上記を行った場合は、C#編3.3.3へ進んでください。

9.1.4　Unityにおける座標に関するデータの扱い

　Unityでは直交3軸座標系の位置のデータを扱うことが多く、そのために3次元の位置データをひとまとめにしたVector3という構造体が用意されています。構造体の詳細はC#編第6章で説明しますが、この段階ではデータの型の一つとして考え、変数を宣言する際に利用します。

●書式
```
var 変数名 = new Vector3(X軸の座標値, Y軸の座標値, Z軸の座標値)
```

●例
```
var position = new Vector3(1.4f, 7.8f, 3.0f);
```

　上記のとおり、代入演算子の右辺はnew演算子と構造体名Vector3を書き、括弧内にX、Y、Z軸それぞれの初期値を書きます。この例では、x=1.4f、y=7.8f、z=3.0fの3つの値をまとめたものにpositionという名の変数を定義しています。
　Vector3には、あらかじめよく使われる値を設定したキーワードが、次のとおり用意されています。

キーワード	意味
zero	Vector3(0, 0, 0)
one	Vector3(1, 1, 1)
right	Vector3(1, 0, 0)
left	Vector3(-1, 0, 0)
up	Vector3(0, 1, 0)
down	Vector3(0, -1, 0)
forward	Vector3(0, 0, 1)
back	Vector3(0, 0, -1)

●例1
```
var distance = Vector3.zero;
※new Vector3(0.0f, 0.0f, 0.0f)を代入したことと同じ。
```

●例2
```
var velocity = Vector3.forward * 5.2f;
※new Vector3(0.0f, 0.0f, 5.2f)を代入したことと同じ。★12.3.1
```

Vector3型の変数に含まれるx、y、zの値を変更したい場合は、次のように記述します。

●例
```
angle.x = 3.0f;
```

9.1.5　サンプルスクリプトExTranslate（Vector3版）

（1）シーン及びスクリプトを開く：C#編3.3.6,3.4及びUnity編9.1.4を学んだ後に、シーン「SceneTranslate」を開きます。そして、Unity編9.1.3で使用したスクリプトファイル「ExTranslate」を選択し、Visual Studioを起動します。★1.1.2【C】, 1.3.1【A】

（2）サンプルスクリプトの作成：Vector3型を使ってゲームオブジェクトが移動するスクリプトを作成しましょう。

●サンプルスクリプト　ExTranslate（Vector3版）
```
01 using UnityEngine;
02
03 namespace CSharpTextbook
04 {
05   public class ExTranslate : MonoBehaviour
06   {
07     void Update()
08     {
09       var distance = new Vector3(0.0f, 0.01f, 0.1f);
10       transform.Translate(distance);
11     }
12   }
13 }
```

（3）サンプルスクリプトの解説：
（a）9行目：ローカル座標系のX、Y、Z各軸方向へ移動する距離を格納する変数distanceをVector3型で定義します。初期値はx=0.0f、y=0.01f、z=0.1fです。

第9章　ゲームオブジェクトの操作　　209

（b）10行目：変数distanceをtransform.Translate命令に渡し、ゲームオブジェクトを移動させます。

（4） スクリプトファイルの上書き保存及びアタッチ：スクリプトファイル「ExTranslate」を上書き保存します。このスクリプトはC#編2.4.1にて既にゲームオブジェクト「Aircraft」にアタッチされていますが、そうでない場合はアタッチします。★1.3.3(4), 2.4.1

（5） シーンの保存及び実行：シーン「SceneTranslate」を上書き保存してから実行します。実行時の動きはUnity編9.1.2(7)と同じです。★1.1.2【C】, 2.4.2(1)

（6） 実行終了：実行結果を確認後、スクリプトの実行を終了します。★2.4.2(2)

［実験9-1(3)］変数名

スクリプトに次の変更を加え、上書き保存後、実行します。その結果をよく観察し考察してみましょう。考察後はUnityエディターの【コンソール】の[消去]ボタンでエラーメッセージや警告をクリアします。また、Visual Studioのテキストエディターで Ctrl + Z キーを押し、元のスクリプトに戻します。

（1） 変数名変更その1：9行目　distance → 1distance

```
09 var distance = new Vector3(0.0f, 0.01f, 0.1f);
```

↓

```
09 var 1distance = new Vector3(0.0f, 0.01f, 0.1f);
```

◎着目点：変数名の付け方ルールのどれに違反していますか。また、エラーメッセージが多数表示されますが、必ずしも適切に原因を指摘していない点を観察しましょう。

（2） 変数名変更その2：9行目　distance → case

```
09 var distance = new Vector3(0.0f, 0.01f, 0.1f);
```

↓

```
09 var case = new Vector3(0.0f, 0.01f, 0.1f);
```

◎着目点：変数名の付け方ルールのどれに違反していますか。また、エラーメッセージは適切な原因を指摘しているか観察しましょう。

（3） 変数名変更その3：9行目　distance → 1distanse

```
09 var distance = new Vector3(0.0f, 0.01f, 0.1f);
```

↓

```
09 var distanse = new Vector3(0.0f, 0.01f, 0.1f);
```

◎着目点：スペルミスしている箇所とエラーの発生箇所を観察します。エラーや警告が発生した理由を説明してください。スペルミスを防ぐためにも Visual Studio の入力支援機能を十分活用しましょう。

(4) スクリプトファイルの上書き保存：
　実験で変更したものをすべて元に戻して、スクリプトファイル「ExTranslate」を上書き保存します。★1.3.3(4)
※再度スクリプトが正しく動作することを確認してください。

▶▶▶ C#編演習3-4として上記を行った場合は、C#編4.1へ進んでください。

9.1.6　サンプルスクリプト ExTranslate（算術演算子版）

(1) シーン及びスクリプトを開く：C#編4.1.1を学んだ後に、シーン「SceneTranslate」を開きます。そして、Unity編9.1.5で使用したスクリプトファイル「ExTranslate」を選択し、Visual Studio を起動します。★1.1.2【C】,1.3.1【A】

(2) サンプルスクリプトの作成：指定した速度でゲームオブジェクトが進む（移動する）スクリプトを作成しましょう。なお、サンプルスクリプト内の「>>>」は、1行の文が長く紙面に収まらないため、改行して表記しています。実際に入力する際は「>>>」を入力せず改行しないで1行で書いてください。

●サンプルスクリプト　ExTranslate（算術演算子版）
```
01 using UnityEngine;
02
03 namespace CSharpTextbook
04 {
05   public class ExTranslate : MonoBehaviour
06   {
07     void Update()
08     {
09       var yVelocity = 0.5f;
10       var zVelocity = 5.0f;
11       transform.Translate(0.0f, yVelocity * Time.deltaTime,
```

```
                    >>>   zVelocity * Time.deltaTime);
12      }
13   }
14 }
```

(3) サンプルスクリプトの解説：

（a）9～10行目：Y軸方向及びZ軸方向の速度（m/s）を格納する変数yVelocity、zVelocityを定義します。

（b）11行目：Time.deltaTime（float型）はフレーム間の経過時間です。距離は速度×時間（例：yVelocity * Time.deltaTime）で求めることができます。Y軸、Z軸それぞれの距離を求めます。そして、Translate命令によりゲームオブジェクトを移動させます。

※【重要】フレームの描画時間はPCの能力や各フレームの処理量などにより異なります。よって、Translateに移動距離を指定しても、PC環境などにより移動速度が変わってしまいます。そこで、速度を指定しフレームごとの距離を求めることにより、PC環境などに影響されずに指定した速度で動作するスクリプトを作ることができます。

(4) スクリプトを上書き保存して実行します。正しく動作することを確認してください。実行時の動きはUnity編9.1.2(7)と同じです。

▶▶▶ C#編演習4-1として上記を行った場合は、C#編4.1.1 演習4-2へ進んでください。

9.2 ゲームオブジェクトの自転

ここでは、スクリプトを使ってゲームオブジェクトを自転させる方法を学びましょう。

9.2.1 Rotate

transform.Rotate命令を使うと、ゲームオブジェクトを自転させることができます。その書式を次に示します。

●書式1
```
transform.Rotate(x軸回りの自転角度，同様にy軸，同様にz軸，座標系)
```

●書式2
```
transform.Rotate(Vector3型の自転角度，座標系);   ※Vector3については後述
```

●例1
```
transform.Rotate(0.0f, 5.0f, 0.0f);
```

●例2
```
Vector3 angle = new Vector3 (0.0f, 3.0f, 0.0f);
transform.Rotate(angle, Space.World);
```

　transform.Rotateは、現在の向きから自転する角度を指定します。角度の単位は度（degree）です。前節のtransform.Translateと同様、ローカル座標系、ワールド座標系を指定することができます。座標系の指定を省略すると、ローカル座標系とみなされます。なお、Unityの座標系は下図のとおりいわゆる左手系です。よって、原点から軸の正方向を向いて、左ねじが進む回転（半時計回り）が正の回転方向となります。角度の型はfloat型です。

●図9-2-1　左手系座標系

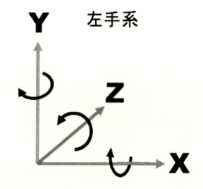

9.2.2　サンプルスクリプトExRotate（変数版）

（1）シーンの作成：まず、シーン「BaseScene」を開き、[別名保存]にて保存先フォルダーを「¥Assets¥Scenes」とし、シーン名を「SceneRotate」に変更して保存します。★1.1.2【C】
（2）テキストボックスの変更：次のとおり、テキストボックス「UpperSideTextBox」を変更します。★8.1.5(2)

> ＜ゲームオブジェクトの自転＞
> 　AircraftがY軸回りに自転します。

　同様にテキストボックス「LowerSideTextBox」の[テキスト]欄を空白にします。
（3）スクリプトファイル作成及びVisual Studioの起動：【プロジェクト】内のフォルダー「¥Assets¥Scripts」を開いてから、そのフォルダー内にスクリプトファイルを新規作成し、名前を「ExRotate」とします。そして、このスクリプトを選択し、Visual Studioを起動します。★1.3.1【A】
（4）サンプルスクリプトの作成：ゲームオブジェクトが自転するスクリプトを作成しましょう。

●サンプルスクリプト　ExRotate（変数版）

```
01 using UnityEngine;
02
03 namespace CSharpTextbook
04 {
05   public class ExRotate : MonoBehaviour
06   {
07     void Update()
08     {
09       var yAngle = 1.0f;
10       transform.Rotate(0.0f, yAngle, 0.0f);
11     }
12   }
13 }
```

(5) サンプルスクリプトの解説：

（a）9行目：ローカル座標系のY軸回りの自転する角度を格納する変数yAngleを定義します（初期値1.0f）。

（b）10行目：変数yAngleをtransform.Rotate命令に渡します。座標系指定が省略されているため、Space.Selfを指定したものとみなされます。メソッドUpdateで画面が更新されるたびに、ゲームオブジェクトはY軸の左回りに1.0°だけ自転します。

(6) スクリプトファイルの上書き保存及びアタッチ：スクリプトファイル「ExRotate」を上書き保存します。そして、このスクリプトをゲームオブジェクト「Aircraft」にアタッチします。★1.3.3(4), 2.4.1

(7) シーンの保存及び実行：シーン「SceneRotate」を上書き保存してから実行します。★1.1.2【C】, 2.4.2(1)

下図のとおり、AircraftがY軸回りに自転します。

●図9-2-2　ExRotateの実行結果

(8) 実行終了：実行結果を確認後、スクリプトの実行を終了します。★2.4.2(2)

[実験9-2] transform.Rotate及びキャスト

スクリプトに次の変更を加え、上書き保存後、実行します。その結果をよく観察し考察してみましょう。考察後はUnityエディターの【コンソール】の[消去]ボタンでエラーメッセージや警告をクリアします。また、Visual Studioのテキストエディターで Ctrl + Z キーを押し、元のスクリプトに戻します。★C#編2.2.2参照。

(1) 自転角度の変更：9行目　1.0f→10.0f

```
09 var yAngle = 1.0f;
```

↓

```
09 var yAngle = 10.0f;
```

◎着目点：自転速度はどうなりましたか。

(2) 自転角度の符号変更：9行目　1.0f→-1.0f

```
09 var yAngle = 1.0f;
```

↓

```
09 var yAngle = -1.0f;
```

◎着目点：自転の向きはどうなりましたか。Y軸の正方向回りは右ねじ回りか左ねじまわりかどちらですか。

(3) 自転の軸の変更：10行目　(0.0f, yAngle,～)→(yAngle, 0.0f,～)

```
10 transform.Rotate(0.0f, yAngle, 0.0f);
```

↓

```
10 transform.Rotate(yAngle, 0.0f, 0.0f);
```

◎着目点：自転の方向はどうなりましたか。X、Y、Z軸を使って考えましょう。

(4) キャスト前準備：9行目　1.0f→1.0　サフィックスfを削除

```
09 var yAngle = 1.0f;
```

↓

```
09 var yAngle = 1.0;
```

◎着目点：エラーはどこで発生していますか。エラーの理由を説明してください。

(5) キャスト：前項の変更をそのままの状態にし、10行目 yAngle → (float)yAngle

```
10 transform.Rotate(0.0f, yAngle, 0.0f);
```

↓

```
10 transform.Rotate(0.0f, (float)yAngle, 0.0f);
```

◎着目点：エラーが解消した理由を説明してください。
※実行結果を確認後、9、10行目を元のスクリプトに戻してください。

(6) スクリプトファイルの上書き保存：実験で変更したものをすべて元に戻して、スクリプトファイル「ExUITextBox」を上書き保存します。★1.3.3(4)
※再度スクリプトが正しく動作することを確認してください。

▶▶▶ C#編演習3-3として上記を行った場合は、C#編3.3.6へ進んでください。

9.2.3　サンプルスクリプト ExRotate（算術演算子版）

　C#編4.1.1を学んだ後にシーン「SceneRotate」を開き、Unity編9.2.2で使用したスクリプトファイル「ExRotate」を下記のとおり変更します。9行目の変数yAngularVelocityはY軸回りの角速度（°/s）を表します。10行目では回転角度を角速度×時間（yAngularVelocity * Time.deltaTime）により求め、Rotate命令でゲームオブジェクトを自転させます。Time.deltaTimeについては、Unity編9.1.6(3)を参照してください。そしてスクリプトファイル「ExRotate」を上書きし実行します。正しく動作することを確認してください。実行時の動きはUnity編9.2.2(7)と同じです。

●サンプルスクリプト　ExRotate（算術演算子版）
```
01 using UnityEngine;
02
03 namespace CSharpTextbook
04 {
```

```
05  public class ExRotate : MonoBehaviour
06  {
07    void Update()
08    {
09      var yAngularVelocity = 50.0f;
10      transform.Rotate(0.0f, yAngularVelocity * Time.deltaTime, 0.0f);
11    }
12  }
13 }
```

▶▶▶C#編演習4-2として上記を行った場合は、C#編4.1.2へ進んでください。

9.3 ゲームオブジェクトの回転

ここでは、スクリプトを使ってゲームオブジェクトを回転させる方法を学びましょう。

9.3.1 RotateAround

transform.RotateAround命令を使うと、ワールド座標系の任意の位置及び回転軸を中心としてゲームオブジェクトを回転させることができます。その書式を次に示します。

●書式
```
transform.RotateAround(回転中心の位置，回転軸の方向，回転角度)
```

●例
```
var point = new Vector3(4.0f, 0.0f, 0.0f);
var axis = new Vector3(0.0f, 1.0f, 0.0f);
var angle = 5.0f;
transform.RotateAround(point, axis, angle);
```

●図9-3-1　RotateAround命令

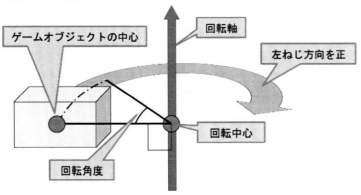

transform.RotateAroundは、回転中心の位置と回転軸の方向及び回転角度（単位は度）を指定します。回転中心はワールド座標系でその位置を示します。回転軸は回転中心を通る軸で、その方向はワールド座標系のX、Y、Z軸の各値（0~1）を任意に設定することで指定できます。その例を次に示します。

●図9-3-2　回転軸の方向

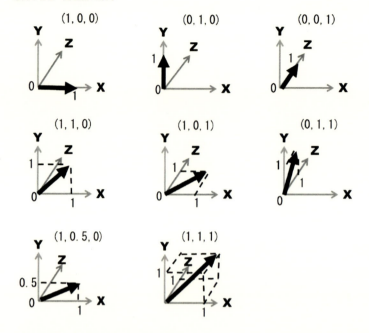

現在の位置から指定された角度だけ回転します。回転の方向は左手系に従い、左ねじが進む方向が正となります。transform.RotateAroundでは回転半径を指定しません。現在のゲームオブジェクトの位置と回転軸との距離が回転半径となります。

9.3.2　サンプルスクリプト ExRotateAround

（1）シーンの作成：まず、シーン「BaseScene」を開き、[別名保存]にて保存先フォルダーを「￥Assets￥Scenes」とし、シーン名を「SceneRotateAround」に変更して保存します。★1.1.2【C】
（2）テキストボックスの変更：次のとおり、テキストボックス「UpperSideTextBox」を変更します。★8.1.5(2)

> ＜ゲームオブジェクトの回転）＞
> Aircraftが大きく円を描いて回転します。
> また、回転速度を計算して表示します。

テキストボックス「LowerSideTextBox」については変更しません。
（3）MainCameraの位置変更：下表のとおり、カメラのトランスフォームの値を変更します。
《Unityエディター》→【ヒエラルキー】→[MainCamera]→【インスペクター】→[トランスフォーム]→下表のとおり変更します。

トランスフォーム	Main Camera					
位置	X	30	Y	7	Z	−50
回転	X	0	Y	0	Z	0
拡大/縮小	X	1	Y	1	Z	1

(4) スクリプトファイル作成及びVisual Studioの起動：【プロジェクト】内のフォルダー「¥Assets¥Scripts」を開いてから、そのフォルダー内にスクリプトファイルを新規作成し、名前を「ExRotateAround」とします。そして、このスクリプトを選択し、Visual Studioを起動します。★1.3.1【A】

(5) サンプルスクリプトの作成：ゲームオブジェクトが回転するスクリプトを作成しましょう。

●サンプルスクリプト　ExRotateAround

```
01 #pragma warning disable CS0649
02 using UnityEngine;
03 using UnityEngine.UI;
04
05 namespace CSharpTextbook
06 {
07   public class ExRotateAround : MonoBehaviour
08   {
09     [SerializeField] private Text lowerSideTextBox;
10     private double sumAngle = 0.0;
11     private double sumTime = 0.0;
12
13     void Update()
14     {
15       var point = new Vector3(30.0f, 0.0f, 0.0f);
16       var axis = new Vector3(0.0f, 1.0f, 0.0f);
17       var yAngularVelocity = 30.0f;
18       var angle = yAngularVelocity * Time.deltaTime;
19       transform.RotateAround(point, axis, angle);
20
21       sumAngle += angle;
22       sumTime += Time.deltaTime;
23       var rot = sumAngle / sumTime;
24       lowerSideTextBox.text = $"回転速度：{rot}° /s";
25     }
26   }
27 }
```

(6) サンプルスクリプトの解説

（a）1行目：フィールドとテキストボックスとの関連付けに関する警告を非表示にします。★8.1.5(7)

（b）3行目：ユーザーインターフェイスのテキストボックスを使用するため、UnityEngine.UIをusingディレクティブに指定します。

（c）9行目：テキストボックスを操作するためのフィールドlowerSideTextBoxを宣言します。★8.1.4

（d）10～11行目：角度と時間を合計するためのフィールドsumAngle、sumTimeを定義します（初期値それぞれゼロ）。

（e）15～19行目：変数pointは回転中心の位置を表します。変数axisは回転軸の方向を表し、この例では(0,1,0)ですから、Y軸と同じ方向となります。変数yAngularVelocityはY軸回りの角速度（°/s）を表します。変数angleは回転角度を表し、その値は角速度×時間（yAngularVelocity * Time.deltaTime）により求めます。これらをtransform.RotateAround命令に渡すと、画面が更新されるたびに、ゲームオブジェクトが論理的にはY軸回りに角速度30（°/s）ずつ回転します。

（f）21～22行目：現在のsumAngleとangleをたし算して、その結果を再びsumAngleに代入します。これにより、Updateメソッドが呼び出されるたびに回転角度がsumAngleに加算され、回転角度の合計を得ることができます。時間の合計sumTimeについても同様です。

（g）23～24行目：変数rotは計算で求めた角速度を表します。その値は現時点の回転角度合計と時間合計から、回転角度合計÷時間合計（sumAngle / sumTime）により求めます。この角速度をlowerSideTextBox.textに代入し、テキストボックスに表示します。なお、表示では角速度を「回転速度」と表記しています。★8.1.4

（7） スクリプトファイルの上書き保存及びアタッチ：スクリプトファイル「ExRotateAround」を上書き保存します。そして、このスクリプトをゲームオブジェクト「Aircraft」にアタッチします。★2.4.1

（8） フィールドとテキストボックスとの関連付け：フィールド「lowerSideTextBox」をテキストボックス「LowerSideTextBox」に関連付けます。★8.1.5(7)

（9） シーンの保存及び実行：シーン「SceneRotateAround」を上書き保存してから実行します。★1.1.2【C】, 2.4.2(1)

下図のとおり、回転軸の周りをAircraftが回転します。

●図9-3-3　ExRotateAroundの実行結果

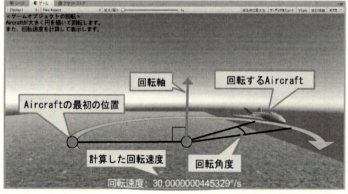

（１０）実行終了：実行結果を確認後、スクリプトの実行を終了します。★2.4.2(2)

[実験9-3] transform.RotateAround及び算術演算子

　スクリプトに次の変更を加え、上書き保存後、実行します。その結果をよく観察し考察してみましょう。考察後はUnityエディターの【コンソール】の[消去]ボタンでエラーメッセージや警告をクリアします。また、Visual StudioのテキストエディターでCtrl＋Zキーを押し、元のスクリプトに戻します。

（１）回転軸の位置の変更：15行目　30.0f→15.0f

```
15 var point = new Vector3(30.0f, 0.0f, 0.0f);
```

↓

```
15 var point = new Vector3(15.0f, 0.0f, 0.0f);
```

◎着目点：回転半径はどうなりましたか。回転中心はどこですか。

（２）回転軸の向きの変更：16行目　0.0f→0.2f

```
16 var axis = new Vector3(0.0f, 1.0f, 0.0f);
```

↓

```
16 var axis = new Vector3(0.2f, 1.0f, 0.0f);
```

◎着目点：回転軸の傾きをワールド座標系X、Y軸を用いて図示してみましょう。

（３）整数型同士のわり算：23行目　sumAngle / sumTime;→1 / 2;

```
23 var rot = sumAngle / sumTime;
```

↓

```
23 var rav = 1 / 2;
```

◎着目点：ゲームビュー下部の「回転速度」に表示された計算結果はいくつですか。正しい結果0.5が得られない理由を説明してください。★4.1.1

（4）型の異なる計算：前項の変更箇所を元に戻さず、23行目　2→2.0

```
23 var rot = 1 / 2;
```

↓

```
23 var rot = 1 / 2.0;
```

◎着目点：計算結果はいくつですか。正しい結果0.5が得られた理由を説明してください。

（5）ゼロ除算その1：前項の変更箇所を元に戻さず、rotの前に、次の1行を追加し、さらに24（旧23）行目　2.0→a

```
23 var rot = 1 / 2.0;
```

↓

```
23 var a = 0;      ←この行を追加
24 var rot = 1 / a;
```

◎着目点：Visual Studioにはエラーが表示されていますか。実行時Unityエディターに表示されたエラーメッセージを確認します。「DivideByZeroException: Attempted to divide by zero.（ゼロで除算しようとしました。）」

（6）ゼロ除算その2：前項の変更箇所を元に戻さず、23行目　0→0.0

```
23 var a = 0;
```

↓

```
23 var a = 0.0;
```

◎着目点：計算結果はいくつですか。整数型と実数型の割り算の結果の違いを観察します。

（7）記憶範囲を超える場合その1：前項の変更箇所を元に戻さず、さらに次のように変更します。

```
23 var a = 0.0;
24 var rot = 1 / a;
```

```
23 var a = 2147483600;
24 var rot = a + 100;
```

◎着目点：正しい結果2147483700が得られない理由を説明してください。ヒント：変数aの型が記憶できるデータ範囲を調べてみましょう。★3.1

（8）記憶範囲を超える場合その2：前項の変更箇所を元に戻さず、さらに次のように変更します。

```
23 var a = 2147483600;
```

↓

```
23 var a = 2147483600L;    ※末尾にサフィックスLを付ける。
```

◎着目点：正しい結果2147483700が得られた理由を説明してください。

（9）丸め誤差：前項の変更箇所を元に戻さず、さらに次のように変更します。

```
23 var a = 2147483600L;
24 var rot = a + 50;
```

↓

```
23 var a = 1 / 3.0m;    ※末尾のmはdecimal型のサフィックスです。
24 var rot = a * 3.0m;
```

◎着目点：1を3で割って、3を掛けたのに、なぜ1にならないのか、その理由を説明してください。

（10）文字列の「+」演算子：前項の変更箇所を元に戻さず、さらに次のように変更します。

```
23 var a = 1 / 3.0m;    ←この行を削除
24 var rot = a * 3.0m;
```

↓

```
23 var rot = 1 + "2";
```

◎着目点：計算結果はいくつですか。数値3にならない理由を説明してください。
　確認後、var rot = 1 + "2"　→　var rot = **sumAngle / sumTime;**　に戻します。

（１１）スクリプトファイルの上書き保存：実験で変更したものをすべて元に戻して、スクリプトファイル「ExRotateAround」を上書き保存します。★1.3.3(4)
※再度スクリプトが正しく動作することを確認してください。

▶▶▶ C#編演習4-4として上記を行った場合は、C#編4.2へ進んでください。

9.4　ゲームオブジェクトの拡大・縮小

9.4.1　localScale

　`transform.localScale`命令[2]を使うと、ゲームオブジェクトの拡大/縮小の倍率を得ることができます。また、ゲームオブジェクトの倍率を設定することで拡大・縮小させることができます。原寸の大きさを1として、それぞれX、Y、Z軸方向の倍率を指定します。1以上の値では拡大し、1未満～0以上の値では縮小します。その書式を次に示します。

＜倍率の取得＞

●書式1
```
transform.localScale    ※Vector3型
```

●書式2
```
transform.localScale.座標軸    ※float型
```

●例1
```
var scale = new Vector3();
scale = transform.localScale;
```

●例2
```
var yScale = transform.localScale.y;
```

＜倍率の設定＞

●書式
```
transform.localScale = Vector3型の値
```

●例
```
Vector3 scale = new Vector3(1.0f, 2.5f, 1.0f);
transform.localScale = scale;
```

※なお、`transform.localScale.x = 2.5f`など、x、y、zに個別に代入することはできません。

---

2. 本書では初心者がわかりやすいように、プロパティの値を設定することでゲームオブジェクトを操作できるものも「命令」と表記しています。

9.4.2　サンプルスクリプト ExLocalScale

（1）シーンの作成：まず、シーン「BaseScene」を開き、[別名保存]にて保存先フォルダーを「¥Assets¥Scenes」とし、シーン名を「SceneLocalScale」に変更して保存します。★1.1.2【C】

（2）テキストボックスの変更：次のとおり、テキストボックス「UpperSideTextBox」を変更します。★8.1.5(2)

> ＜ゲームオブジェクトの拡大・縮小＞
> Aircraftの横幅が拡大・縮小します。
> また、倍率を表示します。

テキストボックス「LowerSideTextBox」については変更しません。

（3）スクリプトファイル作成及びVisual Studioの起動：【プロジェクト】内のフォルダー「¥Assets¥Scripts」を開いてから、そのフォルダー内にスクリプトファイルを新規作成し、名前を「ExLocalScale」とします。そして、このスクリプトを選択し、Visual Studioを起動します。★1.3.1【A】

（4）サンプルスクリプトの作成：ゲームオブジェクトが拡大・縮小するスクリプトを作成しましょう。

●サンプルスクリプト　ExLocalScale

```
01 #pragma warning disable CS0649
02 using System;
03 using UnityEngine;
04 using UnityEngine.UI;
05
06 namespace CSharpTextbook
07 {
08     public class ExLocalScale : MonoBehaviour
09     {
10         [SerializeField] private Text lowerSideTextBox;
11         // Rangeは他のクラスでも使われる定数とします。
12         public static readonly double Range = 0.4;
13         private double angle = 0.0;
14
15         void Update()
16         {
17             // ChangeRateはこのメソッド内で使われる定数とします。
18             const double ChangeRate = 60.0;
19             angle += ChangeRate * Time.deltaTime;
20             angle %= 360.0;
21
22             var scale = new Vector3(1.0f, 1.0f, 1.0f);
```

```
23          scale.x = (float)(1.0 + Math.Sin(angle * Math.PI / 180.0)
                >>>    * Range / 2.0);
24          transform.localScale = scale;
25
26          lowerSideTextBox.text = $"X軸方向の倍率：{transform.localScale.x:F2}";
27      }
28  }
29 }
```

(5) サンプルスクリプトの解説：

（a）倍率：ここでは拡大・縮小するための倍率の計算方法について説明します。詳細不要である場合は、この項を飛ばして(b)から読み進んでください。

　　　ゲームオブジェクトのスケールの原寸は1.0です。ここでは拡大・縮小の変動幅を0.4として、三角関数sinを使って倍率を0.8～1.2の間で変化させ拡大・縮小を繰り返すことにします。倍率は次式で求めることができます。

$$倍率 = 1 + \sin（角度^*）×変動幅÷2　・・・(1)$$

　　sin関数の角度の単位はラジアン（radian）で、ここではラジアンの角度を「角度*」と表します。一方、日常で使用されている角度の単位は度（degree）で、ここでは度の角度を「角度°」と表します。これをラジアンに変換するには次式を用います。

$$角度^* = 角度° ×π÷180　・・・(2)$$

　式(1),(2)より次式を得ます。この式(3)をスクリプトで使用します。

$$倍率 = 1 + \sin（角度° ×π÷180）×変動幅÷2　・・・(3)$$

●図9-4-1　sin関数による倍率変化

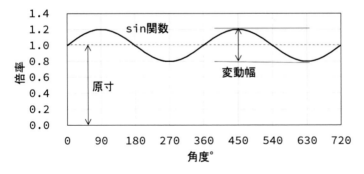

（b）1行目：フィールドとテキストボックスとの関連付けに関する警告を非表示にします。★8.1.5(7)

（c）2～3行目：数学関数のライブラリーMathを使用するためにSystemを、ユーザーインターフェイスのテキストボックスを使用するためにUnityEngine.UIをそれぞれusingディレクティブに指定します。

（d）10行目：テキストボックスを操作するためのフィールドlowerSideTextBoxを宣言します。★8.1.4

（e）12行目：変動幅を格納するフィールドRangeを定義します。ここでは定数の学習教材として、Rangeは他のクラスでも使われる定数とし、public static readonlyを使って定義します。★4.2.2

（f）13行目：sin関数で使う角度を格納するためのフィールドangleを定義します。計算に使用するためdouble型とします。

（g）18行目：拡大・縮小する速度を格納するための定数ChangeRate（単位°/s）を定義します（定数値=60）。この場合には6秒で360°となりますから、拡大・縮小の1周期は6秒となります。

（h）19～20行目：フレームごとに増分する角度の値は速度×時間（ChangeRate * Time.deltaTime）で求められます。この値をフィールドangleに加えていきます。このままではいつしか360°を超えてしまうので、複合代入演算子「%=」を使って、angleを360で割った余りを再びangleに代入します。★4.1.1

（i）22行目：倍率の初期値を変数scaleに設定します。

（j）23行目：拡大・縮小の処理対象はローカル座標系のX軸方向とします。(a)で説明した計算に従い倍率を計算し、その結果をscale.xに代入します。計算はdouble型で行いますが、scale.xはfloat型ですからキャストして代入します。★3.3.3

（k）24行目：transform.localScaleに変数scaleを代入すると、その値に応じてゲームオブジェクトが拡大・縮小します。

（l）26行目：ゲームオブジェクトのトランスフォームの[拡大/縮小]のX軸の値をテキストボックスに表示します。★8.1.4

（6）スクリプトファイルの上書き保存及びアタッチ：スクリプトファイル「ExLocalScale」を上書き保存します。そして、このスクリプトをゲームオブジェクト「Aircraft」にアタッチします。★1.3.3(4), 2.4.1

（7）フィールドとテキストボックスとの関連付け：フィールド「lowerSideTextBox」をテキストボックス「LowerSideTextBox」に関連付けます。★8.1.5(7)

（8）シーンの保存及び実行：シーン「SceneLocalScale」を上書き保存してから実行します。★1.1.2【C】, 2.4.2(1)

下図のとおり、AircraftがX軸（横）方向に拡大・縮小します。

●図9-4-2　ExLocalScaleの実行結果

（9）実行終了：実行結果を確認後、スクリプトの実行を終了します。★2.4.2(2)

[実験9-4] transform.localScale及び数学関数

スクリプトに次の変更を加え、上書き保存後、実行します。その結果をよく観察し考察してみましょう。考察後はUnityエディターの【コンソール】の[消去]ボタンでエラーメッセージや警告をクリアします。また、Visual Studioのテキストエディターで Ctrl + Z キーを押し、元のスクリプトに戻します。

(1) スケールの初期値：22行目　(1.0f, 1.0f, 1.0f)→(0.0f, 0.0f, 0.0f)

```
22 var scale = new Vector3(1.0f, 1.0f, 1.0f);
```

↓

```
22 var scale = new Vector3(0.0f, 0.0f, 0.0f);
```

◎着目点：Aircraftが表示されない理由を説明してください。

(2) 拡大・縮小の方向：23行目　x→y

```
23 scale.x = (float)(1.0 + ・・・ / 2.0);
```

↓

```
23 scale.y = (float)(1.0 + ・・・ / 2.0);
```

◎着目点：拡大・縮小はどの軸方向に生じましたか。

(3) ローカルな定数：18行目　const→static readonly

```
18 const double ChangeRate = 60.0;
```

↓

```
18 static readonly double ChangeRate = 60.0;
```

◎着目点：エラーメッセージの内容を確認し、その理由を説明してください。ヒント：static readonlyはクラスのブロック内で使用します。★4.2.2

(4) 数学関数のためのusingディレクティブ：2行目　using Systemを削除

```
02 using System;      ←この行を削除
```

◎着目点：どの箇所にどのようなエラーメッセージが表示されましたか。その理由を説明してください。★4.3

（5） スクリプトファイルの上書き保存：実験で変更したものをすべて元に戻して、スクリプトファイル「ExLocalScale」を上書き保存します。★1.3.3(4)
※再度スクリプトが正しく動作することを確認してください。

▶▶▶C#編演習4-5として上記を行った場合は、C#編4.4へ進んでください。

9.5 ゲームオブジェクトの位置

ここでは、スクリプトを使ってゲームオブジェクトの位置を取得したり、位置を設定する方法を学びます。

9.5.1 position

`transform.position`命令を使うと、ゲームオブジェクトのワールド座標系の位置（x、y、z）を取得できます。また、指定したワールド座標系の位置にゲームオブジェクトを配置することができます。その書式を次に示します。

＜位置の取得＞

●書式1
```
transform.position    ※Vector3型
```

●書式2
```
transform.position.座標軸    ※float型
```

●例1
```
var pos = transform.position;
```

●例2
```
var zWorld = transform.positin.z;
```

＜位置の設定＞

●書式
```
transform.position = Vector3型の値;
```

●例
```
var pos = new Vector3(2.5f, 0.0f, 5.0f);
transform.position = pos;
```

※なお、`transform.position.x = 2.5f`など、x、y、zへ個別に代入することはできません。

9.5.2　サンプルスクリプト ExPosion

（1）シーンの作成：まず、シーン「BaseScene」を開き、[別名保存]にて保存先フォルダーを「￥Assets￥Scenes」とし、シーン名を「ScenePosition」に変更して保存します。★1.1.2【C】

（2）テキストボックスの変更：次のとおり、テキストボックス「UpperSideTextBox」を変更します。★8.1.5(2)

> ＜ゲームオブジェクトの位置＞
> X軸方向の位置を乱数で求め、
> その位置にAircraftを配置します。
> また、そのX軸方向の位置を表示します。

テキストボックス「LowerSideTextBox」については変更しません。

（3）スクリプトファイル作成及びVisual Studioの起動：【プロジェクト】内のフォルダー「￥Assets￥Scripts」を開いてから、そのフォルダー内にスクリプトファイルを新規作成し、名前を「ExPosition」とします。そして、このスクリプトを選択し、Visual Studioを起動します。★1.3.1【A】

（4）サンプルスクリプトの作成：ゲームオブジェクトの位置を乱数で求め、そこに配置するスクリプトを作成しましょう。

●サンプルスクリプト　ExPosition

```
01  #pragma warning disable CS0649
02  using UnityEngine;
03  using UnityEngine.UI;
04
05  namespace CSharpTextbook
06  {
07    public class ExPosition : MonoBehaviour
08    {
09      [SerializeField] private Text lowerSideTextBox;
10
11      private void Start()
12      {
13        const float MinRange = -10.0f;
14        const float MaxRange = 10.0f;
15        var height = 3.0f;
16        var initialPosition = new Vector3(Random.Range(MinRange, MaxRange),
            >>>   height, 0.0f);
17        transform.position = initialPosition;
18
19        lowerSideTextBox.text = $"X軸方向の位置：{transform.position.x:F2}";
20      }
21    }
```

22　}

（5）サンプルスクリプトの解説
（a）1行目：フィールドとテキストボックスとの関連付けに関する警告を非表示にします。★8.1.5(7)
（b）3行目：ユーザーインターフェイスのテキストボックスを使用するために、`UnityEngine.UI`をusingディレクティブに指定します。
（c）9行目：テキストボックスを操作するためのフィールド`lowerSideTextBox`を宣言します。★8.1.4
（d）13～14行目：ゲームオブジェクトの位置を乱数で求めますが、その乱数の範囲（最小、最大）を定数`MinRange`、`MaxRange`として定義します。★4.4
（e）15行目：ゲームオブジェクトの位置（高さ）の初期値を格納する変数`height`を定義します。
（f）16～17行目：乱数を作る`Random.Range`でX軸方向の位置を求めます。また、Y軸方向の位置は変数`height`とし、Z軸方向の位置はゼロとします。これらを初期位置として格納する`Vector3`型の変数`initialPosition`を定義します。これを`transform.position`に代入すると、指定した位置にゲームオブジェクトが配置されます。
（g）19行目：ゲームオブジェクトのX軸方向の位置は`transform.position.x`により得られます。これを`lowerSideTextBox.text`に代入してテキストボックスに表示します。★8.1.4

（6）スクリプトファイルの上書き保存及びアタッチ：スクリプトファイル「ExPosition」を上書き保存します。そして、このスクリプトをゲームオブジェクト「Aircraft」にアタッチします。★1.3.3(4), 2.4.1

（7）フィールドとテキストボックスとの関連付け：フィールド「lowerSideTextBox」をテキストボックス「LowerSideTextBox」に関連付けます。★8.1.5(7)

（8）シーンの保存及び実行：シーン「ScenePosition」を上書き保存してから実行します。★1.1.2【C】, 2.4.2(1)

下図のとおり、乱数で求めた位置にAircraftが配置されます。

●図9-5-1　ExPositionの実行結果

（9）実行終了：実行結果を確認後、スクリプトの実行を終了します。★2.4.2(2)

[実験9-5] transform.position及び定数

スクリプトに次の変更を加え、上書き保存後、実行します。その結果をよく観察し考察してみましょう。考察後はUnityエディターの【コンソール】の[消去]ボタンでエラーメッセージや警告をクリアします。また、Visual Studioのテキストエディターで Ctrl + Z キーを押し、元のスクリプトに戻します。

（1） positionへの代入：17行目 「.z」を追加

```
17 transform.position = initialPosition;
```

↓

```
17 transform.position.z = initialPosition.z;
```

◎着目点：エラーとなることを確認します。現段階ではこのような代入ができないことを理解します。

（2） 定数その1：13行目　float→var

```
13 const float MinRange = -10.0f;
```

↓

```
13 const var MinRange = -10.0f;
```

◎着目点：どのようなエラーメッセージが表示されるか確認します。★4.2.2

（3） 定数その2：13行目の後に次の文を追加します

```
13 const float MinRange = -10.0f;
14 MinRange = -20.0f;   ←この行を追加
```

◎着目点：どのようなエラーメッセージが表示されるか確認します。エラーの理由を説明してください。

（4） スクリプトファイルの上書き保存：実験で変更したものをすべて元に戻して、スクリプトファイル「ExPosition」を上書き保存します。★1.3.3(4)
※再度スクリプトが正しく動作することを確認してください。

▶▶▶ C#編演習4-6として上記を行った場合は、C#編第5章へ進んでください。

9.6 ゲームオブジェクトの向き

　ここでは、スクリプトを使ってゲームオブジェクトの向きを取得したり、向きを設定する方法を学びます。

9.6.1 eulerAngles

　transform.**eulerAngles**命令を使うと、ゲームオブジェクトのワールド座標系の各軸（X、Y、Z）の向きを取得できます。その値の範囲は0～360°です。また、指定したワールド座標系の各軸（X、Y、Z）の向きにゲームオブジェクトを配置することができます。なお、eulerは「オイラー」と読みます。その書式を次に示します。

＜向きの取得＞

●書式1
```
transform.eulerAngles     ※Vector3型
```

●書式2
```
transform.eulerAngles.座標軸     ※float型
```

●例1
```
var rot = transform.eulerAngles;
```

●例2
```
var yWorld = transform.eulerAngles.y;
```

＜向きの設定＞

●書式
```
transform.eulerAngles = Vector3型の値;
```

●例
```
transform.eulerAngles = new Vector3(0.0f, 90.0f, 0.0f);
```

※なお、transform.eulerAngles.y = 90.0fなど、x、y、zに個別に代入することはできません。

9.6.2　サンプルスクリプト ExEulerAngles

（1）シーンの作成：まず、シーン「BaseScene」を開き、[別名保存]にて保存先フォルダーを「¥Assets¥Scenes」とし、シーン名を「SceneEulerAngles」に変更して保存します。★1.1.2【C】

（2）テキストボックスの変更：次のとおり、テキストボックス「UpperSideTextBox」を変更します。★8.1.5(2)

> ＜ゲームオブジェクトの向き＞
> Aircraftが回転します。
> 向きが0°から180°未満は速く、
> 180°から360°未満は遅く回転します。
> また、向きの角度を表示します。

テキストボックス「LowerSideTextBox」については変更しません。

（3）スクリプトファイル作成及びVisual Studioの起動：【プロジェクト】内のフォルダー「¥Assets¥Scripts」を開いてから、そのフォルダー内にスクリプトファイルを新規作成し、名前を「ExEulerAngles」とします。そして、このスクリプトを選択し、Visual Studioを起動します。★1.3.1【A】

（4）サンプルスクリプトの作成：ゲームオブジェクトの向きのよって回転速度が異なるスクリプトを作成しましょう。

●サンプルスクリプト　ExEulerAngles

```
01  #pragma warning disable CS0649
02  using UnityEngine;
03  using UnityEngine.UI;
04
05  namespace CSharpTextbook
06  {
07    public class ExEulerAngles : MonoBehaviour
08    {
09      [SerializeField] private Text lowerSideTextBox;
10
11      private void Start()
12      {
13        var initialPosition = new Vector3(0.0f, 3.0f, 40.0f);
14        transform.position = initialPosition;
15        var initialRotation = new Vector3(0.0f, 90.0f, 0.0f);
16        transform.eulerAngles = initialRotation;
17      }
18
19      void Update()
20      {
```

```
21      float yAngularVelocity;
22      if (transform.eulerAngles.y < 180.0f)
23      {
24        yAngularVelocity = 200.0f;
25      }
26      else
27      {
28        yAngularVelocity = 20.0f;
29      }
30      var point = new Vector3(0.0f, 0.0f, 20.0f);
31      var axis = new Vector3(0.0f, 1.0f, 0.0f);
32      var angle = yAngularVelocity * Time.deltaTime;
33      transform.RotateAround(point, axis, angle);
34
35      lowerSideTextBox.text = $"向き：{transform.eulerAngles.y:F2}° ";
36    }
37  }
38 }
```

(5) サンプルスクリプトの解説

（a）1行目：フィールドとテキストボックスとの関連付けに関する警告を非表示にします。★8.1.5(7)

（b）3行目：ユーザーインターフェイスのテキストボックスを使用するために`UnityEngine.UI`をusingディレクティブに指定します。

（c）9行目：テキストボックスを操作するためのフィールド`lowerSideTextBox`を宣言します。★8.1.4

（d）13～16行目：位置と向きの初期値をそれぞれ変数`initialPosition`,`initialRotation`に設定し、これらの値を位置を設定する命令`transform.position`及び向きを設定する命令`transform.eulerAngle`に代入します。

（e）21～29行目：Y軸回りの角速度を格納する変数`yAngularVelocity`を宣言します。ゲームオブジェクトの向きは`transform.eulerAngles.y`により得ることができます。この値をif文により判断し、0～180°未満の場合は角速度を200（°/s）とし、そうでない場合は20（°/s）とします。

●図9-6-1　ExEulerAngles の実行結果

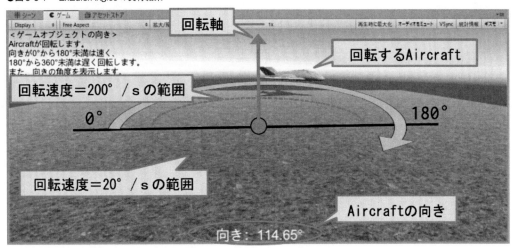

（f）30〜33行目：回転するための中心位置 point、回転軸の方向 axis の値を設定します。また、回転角度 angle は、角速度×時間（yAngularVelocity × Time.deltaTime）により求めます。これらの値を transform.RotateAround 命令に渡してゲームオブジェクトを回転させます。

（g）35行目：ゲームオブジェクトの Y 軸回りの向き transform.eulerAngles.y をテキストボックスに表示します。

(6) スクリプトファイルの上書き保存及びアタッチ：スクリプトファイル「ExEulerAngles」を上書き保存します。そして、このスクリプトをゲームオブジェクト「Aircraft」にアタッチします。★1.3.3(4), 2.4.1

(7) フィールドとテキストボックスとの関連付け：フィールド「lowerSideTextBox」をテキストボックス「LowerSideTextBox」に関連付けます。★8.1.5(7)

(8) シーンの保存及び実行：シーン「SceneEulerAngles」を上書き保存してから実行します。★1.1.2【C】, 2.4.2(1)

実行時の動きは前述の「サンプルスクリプトの解説（e）」を参照してください。

(9) 実行終了：実行結果を確認後、スクリプトの実行を終了します。★2.4.2(2)

[実験9-6] transform.eulerAngle 及び if 文

スクリプトに次の変更を加え、上書き保存後、実行します。その結果をよく観察し考察してみましょう。考察後は Unity エディターの【コンソール】の[消去]ボタンでエラーメッセージや警告をクリアします。また、Visual Studio のテキストエディターで Ctrl + Z キーを押し、元のスクリプトに戻します。

(1) 範囲外の角度指定：15行目　90.0f→450.0f

```
15 var initialRotation = new Vector3(0.0f, 90.0f, 0.0f);
```

↓

```
15 var initialRotation = new Vector3(0.0f, 450.0f, 0.0f);
```

◎着目点：0～360°以外の角度を設定した際にエラーしましたか。どのように処理がなされて動いたのか、考えてみましょう。

（2）関係演算子のミス：22行目　「<」→「>」

```
22 if (transform.eulerAngles.y < 180.0f)
```

↓

```
22 if (transform.eulerAngles.y > 180.0f)
```

◎着目点：Aircraftはどのように動きましたか。その理由を説明してください。

（3）スクリプトファイルの上書き保存：実験で変更したものをすべて元に戻して、スクリプトファイル「ExEulerAngles」を上書き保存します。★1.3.3(4)
※再度スクリプトが正しく動作することを確認してください。

▶▶▶C#編演習5-1として上記を行った場合は、C#編5.1.1演習5-1の次（if文に関する留意点）へ進んでください。

9.7　ゲームオブジェクトの色

ここでは、スクリプトを使ってゲームオブジェクトの色を変化させる方法を学びましょう。

9.7.1　color

　Unityでは色を3原色（赤Red、緑Green、青Blue、）の配分量（各色の光の強さ）と透明度（Alpha value）で表現するため、これらのデータをひとまとめにしたColorという構造体（後述）が用意されています。また、3原色と透明度を合わせてRBGAと表記することがあります。Colorの書式を次に示します。なお、各色の配分量及び透明度の値の設定範囲は0～1です。

●書式
```
Color(赤，緑，青，透明度)
```

●例
```
var myColor = new Color(0.3f, 0.5f, 0.7f, 1.0f);
```

　よく利用される色については次のとおりプロパティ（後述）が用意されています。例のように簡単に色が設定できます。

●表9-7-1　Colorのプロパティ

色	プロパティ	RGBA
黒	black	(0.0f, 0.0f, 0.0f, 1.0f)
灰	gray	(0.5f, 0.5f, 0.5f, 1.0f)
白	white	(1.0f, 1.0f, 1.0f, 1.0f)f
赤	red	(1.0f, 0.0f, 0.0f, 1.0f)
緑	green	(0.0f, 1.0f, 0.0f, 1.0f)
青	blue	(0.0f, 0.0f, 1.0f, 1.0f)
黄	yellow	(1.0f, 0.92f, 0.016f, 1.0f)
マゼンタ	magenta	(1.0f, 0.0f, 1.0f, 1.0f)
シアン	cyan	(0.0f, 1.0f, 1.0f, 1.0f)

●例
```
var myColor = Color.green;    ※new Color(0, 1, 0, 1)を代入したものと同じ。
```

　ゲームオブジェクトは**レンダラー**（renderer）というコンポーネントにより画面に表示されています。そして、ゲームオブジェクトの色はレンダラーの中の`material.color`に設定されています。これらを操作するには、次のように記述します。

＜レンダラーの取得＞

●書式
```
[ゲームオブジェクト.]GetComponent<Renderer>()
```

●例1
```
var cubeRenderer = obj.GetComponent<Renderer>();
```

●例2
```
var bombRenderer = GetComponent<Renderer>();
```

※ゲームオブジェクトを省略した場合は、スクリプトがアタッチされているゲームオブジェクトのレンダラーを意味します。

＜色の設定＞

●書式
```
レンダラー名.material.color = Color型データ
```

●例
```
cubeRenderer.material.color = Color.red;
```

9.7.2　サンプルスクリプト ExColor

（1）シーンの作成：まず、シーン「BaseScene」を開き、[別名保存]にて保存先フォルダーを「¥Assets¥Scenes」とし、シーン名を「SceneColor」に変更して保存します。★1.1.2【C】

（2）ゲームオブジェクトの作成：色を設定する対象として球のゲームオブジェクトを作成します。
　（a）球の作成：《Unityエディター》→【メニューバー】→ [ゲームオブジェクト] → [3Dオブジェクト] → [スフィア]
　（b）名称・位置などの設定：【ヒエラルキー】→ [Sphere] →【インスペクター】→ 最上部のゲームオブジェクト名欄の「Sphere」を「Bomb」に変更 →【インスペクター】のトランスフォームの各設定欄を次のとおり設定します。

ゲームオブジェクト名			Bomb				
トランスフォーム	位置	X	0	Y	7	Z	0
	回転	X	0	Y	0	Z	0
	拡大/縮小	X	1	Y	1	Z	1

（c）球（Bomb）の色設定：【プロジェクト】→ [Assets] → [Matterials] → [Red]を【ヒエラルキー】にある[Bomb]の上にドラッグ＆ドロップ → これにより「Bomb」に赤色が設定されます。

●図9-7-1　球（Bomb）の色設定

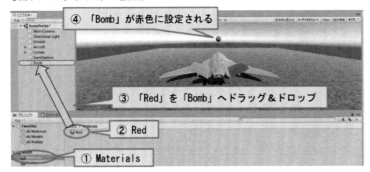

(3) テキストボックスの変更：次のとおり、テキストボックス「UpperSideTextBox」を変更します。★8.1.5(2)

> ＜ゲームオブジェクトの色＞
> 左クリックするたびに爆弾（球）の色が変化します。

同様にテキストボックス「LowerSideTextBox」の[テキスト]欄を空白にします。
(4) シーンの保存：シーン「SceneColor」を上書き保存します。★1.1.2【C】
(5) スクリプトファイル作成及びVisual Studioの起動：【プロジェクト】内のフォルダー「￥Assets￥Scripts」を開いてから、そのフォルダー内にスクリプトファイルを新規作成し、名前を「ExColor」とします。そして、このスクリプトを選択し、Visual Studioを起動します。★1.3.1【A】
(6) サンプルスクリプトの作成：クリックするたびにゲームオブジェクトの色が変わるスクリプトを作成しましょう。

●サンプルスクリプト　ExColor

```
01 using UnityEngine;
02
03 namespace CSharpTextbook
04 {
05     public class ExColor : MonoBehaviour
06     {
07         private Color bombColor = Color.red;
08
09         void Update()
```

```
10    {
11        const float MinRange = 0.0f;
12        const float MaxRange = 1.0f;
13
14        var rColor = Random.Range(MinRange, MaxRange);
15        var gColor = Random.Range(MinRange, MaxRange);
16        var bColor = Random.Range(MinRange, MaxRange);
17        var settingColor = new Color(rColor, gColor, bColor);
18
19        const int LeftButton = 0;
20        bombColor = Input.GetMouseButtonDown(LeftButton)
    >>>    ? settingColor : bombColor;
21
22        var rdr = GetComponent<Renderer>();
23        rdr.material.color = bombColor;
24    }
25  }
26 }
```

(7) サンプルスクリプトの解説：

（a）7行目：爆弾の色を格納するフィールドbombColorを定義します（初期値red）。

（b）11～12行目：乱数の関数を使う際に使用する乱数の発生範囲の最小値、最大値を格納する定数MinRange、MaxRangeを定義します。

（c）14～17行目：乱数を使って色の三原色R、G、Bの配分量を求めて、それをColor型の変数sittingColorに代入します。これにより実行するたびに異なる色が設定されます。★4.4

（d）19行目：マウスのボタン番号がマジックナンバーにならないように定数LeftButtonを定義します。

（e）20行目：条件演算子により、マウスの左ボタンがクリックされていたら、変数bombColorに乱数で色を設定したsettingColorが代入されます。そうでなければ、以前のbombColorが再びbombColorに代入され、色は変化しません。

（f）22～23行目：GetComponentによりアタッチされているゲームオブジェクトのレンダラーを変数rdrに取得します。そして、そのレンダラーのマテリアルにあるcolorに変数bombColorを代入し、ゲームオブジェクトの色を変更します。

(8) スクリプトファイルの上書き保存及びアタッチ：スクリプトファイル「ExColor」を上書き保存します。そして、このスクリプトをゲームオブジェクト「Bomb」にアタッチします。★1.3.3(4)、2.4.1

(9) シーンの保存及び実行：シーン「SceneColor」を上書き保存してから実行します。★1.1.2【C】、2.4.2(1)

再生ボタンで実行後、マウスの左ボタンをクリックするたびに爆弾の色が変わります。

●図9-7-2 ExColorの実行結果

▶▶▶C#編演習5-7として上記を行った場合は、C#編5.2へ進んでください。

9.8 プレハブの利用

プレハブは、ゲームオブジェクトとそれに含まれる機能（コンポーネント）をすべて保存し再利用可能にしたものです。これを元に新たにゲームオブジェクトを作り出すことができます。つまり、ゲームオブジェクトのテンプレートと考えてよいでしょう。ここでは簡単な爆弾のプレハブを用意し、シーン上にプレハブを複製します。

9.8.1 プレハブ化

（1）シーンの作成：Unity編9.7.2で使用したシーン「SceneColor」を開き、[別名保存]にて保存先フォルダーを「￥Assets￥Scenes」とし、シーン名を「ScenePrefab」に変更して保存します。★1.1.2【C】

（2）不要なスクリプトの削除：ゲームオブジェクト「Bomb」にアタッチされているスクリプトを削除します。

【ヒエラルキー】→ [Bomb] → 【インスペクター】→ [ExColor(Script)]の右端の歯車アイコン → [コンポーネントを削除]

（3）フォルダー作成：プレハブを格納するためのフォルダーを作成します。

【プロジェクト】→ [Assets] → 【メニューバー】→ [アセット] → [作成] → [フォルダー] → フォルダー名「New Folder」を「Prefab」に変更します。その後、このフォルダーをダブルクリックし、開いておきます。

（4）プレハブの作成：【ヒエラルキー】にあるゲームオブジェクトを【プロジェクト】の[Assets]内にドラッグ＆ドロップするだけでプレハブ化されます。ここでは次のように操作します。

（a）ゲームオブジェクトの位置などの修正：【ヒエラルキー】→ [Bomb] → 【インスペクター】→ [トランスフォーム] → 位置、角度はすべて0、拡大/縮小はすべて1に設定します。球（Bomb）をこの位置に設定すると、Aircraftと重なって見えなくなりますが、そのまま操作を続けます。
※プレハブはゲームオブジェクトのテンプレートですから、上記のように原則座標原点に位置付けることを推奨します。

（b）プレハブ化：【ヒエラルキー】→ [Bomb]をフォルダー[Prefab]へドラッグ＆ドロップ → するとコピーされた[Bomb]がプレハブ化されます。アイコンと文字色が青に変化します。→ 「Bomb」を名前「BombPrefab1」に変更します。今後これを元にプレハブを複製してゲームオブジェクトを作成します。

（c）シーン上にあるゲームオブジェクト「Bomb」は不要なので削除します。

【ヒエラルキー】→ [Bomb] → Delete キー

●図9-8-1 プレハブ化

(5) シーンの保存：シーン「ScenePrefab」を上書き保存します。★1.1.2【C】

9.8.2 Instantiate / Destroy

シーン上にプレハブを複製するにはInstantiate命令を使います。その書式を次に示します。

●書式1
```
Instantiate(プレハブ名またはゲームオブジェクト名)
```

●書式2
```
Instantiate(プレハブ名またはゲームオブジェクト名, 位置, 向き)
```

●例1
```
[SerializeField] private GameObject myPrefab;
var position = new Vector3(-14.0f, 7.0f, 0.0f);
var rotation = new Vector3(0.0f, 90.0f, 0.0f);
Instantiate(myPrefab, position, Quaternion.Euler(rotation));
```

●例2
```
var myObject = Instantiate(myPrefab, position, Quaternion.Euler(rotation));
text = myObject.name;
```

Instantiateはプレハブあるいはシーン上にあるゲームオブジェクトを複製します。書式1では元のプレハブ（またはゲームオブジェクト）と同じ位置・向きに複製します。書式2では複製の位置・向きを指定できます。Instantiateの「向き」の単位はQuaternionという角度の単位であるため、例1のように度（degree）の単位の角度はQuaternion.Eulerを使って変換します。Instantiateは複製したゲームオブジェクトのアドレス（記憶場所の番地）を返します。例2のようにInstantiate

の返す値をGameObject型の変数に代入すれば、この変数を使って複製したゲームオブジェクトを操作することができます。

　ゲームオブジェクトを削除するにはDestroy命令を使います。その書式を次に示します。なお、削除までの時間の単位は秒でfloat型です。

●書式1
```
Destroy(ゲームオブジェクト型変数名)
```

●書式2
```
Destroy(ゲームオブジェクト型変数名，削除までの時間)
```

●例1
```
var myObject = Instantiate(myPrefab);
Destroy(myObject);
```

●例2
```
Destroy(myObject, 5.0f);
```

9.8.3　サンプルスクリプト ExPrefab（for版）

（1）シーンを開く：Unity編9.8.1で使用したシーン「ScenePrefab」を開きます。★1.1.2【C】
（2）テキストボックスの変更：次のとおり、テキストボックス「UpperSideTextBox」を変更します。★8.1.5(2)

> ＜プレハブの複製＞
> プレハブ（爆弾）を5個複製します。

　同様にテキストボックス「LowerSideTextBox」の[テキスト]欄を空白にします。
（3）スクリプトファイル作成及びVisual Studioの起動：【プロジェクト】内のフォルダー「￥Assets￥Scripts」を開いてから、そのフォルダー内にスクリプトファイルを新規作成し、名前を「ExPrefab」とします。そして、このスクリプトを選択し、Visual Studioを起動します。★1.3.1【A】
（4）サンプルスクリプトの作成：プレハブ（爆弾）の複製を5個作成するスクリプトを作成しましょう。

●サンプルスクリプト　ExPrefab（for版）
```
01 #pragma warning disable CS0649
02 using UnityEngine;
03
04 namespace CSharpTextbook
05 {
```

```
06    public class ExPrefab : MonoBehaviour
07    {
08      [SerializeField] private GameObject bombPrefab;
09
10      void Start()
11      {
12        var initialPosition = new Vector3(-14.0f, 7.0f, 0.0f);
13        var initialRotation = Vector3.zero;
14        var position = initialPosition;
15        const int BombCount = 5;
16        for (var i = 0; i < BombCount; i++)
17        {
18          Instantiate(bombPrefab, position, Quaternion.Euler(initialRotation));
19          var distance = 7.0f;
20          position.x += distance;
21        }
22      }
23    }
24    }
```

(5) スクリプトの解説
(a) 8行目：プレハブ化した爆弾を格納するためのフィールドbombPrefabを宣言します。後でUnityエディターを使って、この変数とAssets¥Prefabフォルダーにあるプレハブ「BombPrefab」との関連付けを行います。
(b) 12〜13行目：爆弾の位置・向きを定めるための変数initialPosition、initialRotationを定義します。
(c) 14行目：爆弾を5個複製しますが、同じ位置にならないように複製の位置を変更します。その位置を格納する変数positionを定義します。
(d) 15行目：複製する爆弾は5個です。マジックナンバーを避けるため、定数BombCountを定義します。
(e) 16行目：for文によりブロック内の処理をBombCount（5）回繰り返します。
(f) 18行目：Instantiate命令でプレハブbombPrefabを複製します。
(g) 19〜20行目：複製した爆弾の位置が重ならないようにするため、複製するたびに爆弾の位置をずらします。その移動距離を格納する変数がdistanceです。ゲームオブジェクトの位置を格納する変数positionのＸ軸の値をdistance分だけ加算します。

(6) スクリプトファイルの上書き保存：スクリプトファイル「ExPrefab」を上書き保存します。
★1.3.3(4)

(7) 空のゲームオブジェクトの作成：スクリプトファイル「ExPrefab」はどのゲームオブジェクトにアタッチしたらよいでしょうか。爆弾は現在のシーンにはありませんし、Aircraftが爆弾を管

理するのも適切ではありません。そこで爆弾を管理するゲームオブジェクトを新たに作成します。これは管理するだけなので形のない「空のゲームオブジェクト」を用います。

　【ヒエラルキー】→ どのゲームオブジェクトも選択していない状態にします →【メニューバー】→ [ゲームオブジェクト] → [空のオブジェクトを作成] → 名前を「Launchpad」に変更 →【インスペクター】→ [トランスフォーム] → 位置、角度はすべて0、拡大/縮小はすべて1に設定（形がないゲームオブジェクトであるため、この設定値には特に意味がありませんが、ここでは座標原点に位置付けます。）

●図9-8-2　空のゲームオブジェクト

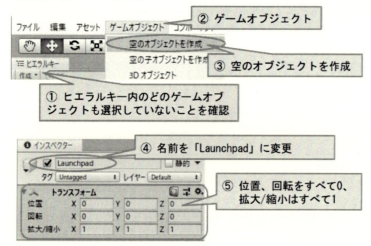

（8）アタッチ：スクリプト「ExPrefab」をゲームオブジェクト「Launchpad」にアタッチします。★2.4.1

（9）フィールドとプレハブとの関連付け：フィールド「bombPrefab」とアセット内にあるプレハブ「BombPrefab1」を次の操作により関連付けます。

　【ヒエラルキー】→ [Launchpad] →【インスペクター】→ [Ex Prefab (Script)] → [Bomb Prefab] 欄右端の◎ → [Select GamaObject]ダイアログボックスの[アセット]タブ → [BombPrefab1]

●図9-8-3　フィールドとプレハブとの関連付け

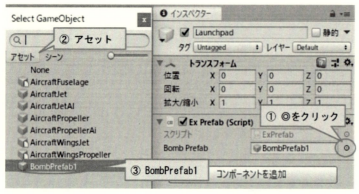

252　　第9章　ゲームオブジェクトの操作

（１０）シーンの保存及び実行：シーン「ScenePrefab」を上書き保存してから実行します。★1.1.2
【C】．2.4.2(1)

　再生ボタンを押すと、for文によりInstantiate命令が5回実行されるので、プレハブ（爆弾）からゲームオブジェクト（爆弾）が5個複製されます。

●図9-8-4　ExPrefabの実行結果

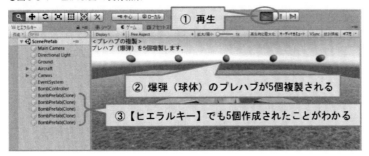

[実験9-8(1)] for文

　スクリプトに次の変更を加え、上書き保存後、実行します。その結果をよく観察し考察してみましょう。考察後はUnityエディターの【コンソール】の[消去]ボタンでエラーメッセージや警告をクリアします。また、Visual Studioのテキストエディターで Ctrl + Z キーを押し、元のスクリプトに戻します。

（１） 不適切な初期値：16行目　　0→5

```
16 for (var i = 0; i < BombCount; i++)
```

　↓

```
16 for (var i = 5; i < BombCount; i++)
```

◎着目点：爆弾（球体）は何個作成されましたか。その理由を説明してください。

（２） 不適切な条件：16行目　「<」→「>」

```
16 for (var i = 0; i < BombCount; i++)
```

　↓

```
16 for (var i = 0; i > BombCount; i++)
```

◎着目点：爆弾（球体）は何個作成されましたか。その理由を説明してください。

（3）スクリプトファイルの上書き保存：実験で変更したものをすべて元に戻して、スクリプトファイル「ExPrefab」を上書き保存します。★1.3.3(4)
※再度スクリプトが正しく動作することを確認してください。

▶▶▶ C#編演習5-8として上記を行った場合は、C#編5.2.2へ進んでください。

9.8.4　サンプルスクリプトExPrefab（配列版）

（1）シーンを開く：Unity編9.8.3で使用したシーン「ScenePrefab」を開きます。★1.1.2【C】
（2）テキストボックスの変更：次のとおり、テキストボックス「UpperSideTextBox」を変更します。★8.1.5(2)

> ＜プレハブの複製＞
> 左クリックするとプレハブ（爆弾）が5個複製されます。
> 右クリックすると爆弾が削除されます。

同様にテキストボックス「LowerSideTextBox」の[テキスト]欄を空白にします。
（3）スクリプトファイルの選択及びVisual Studioの起動：Unity編9.8.3で使用したスクリプトファイル「ExPrefab」を選択し、Visual Studioを起動します。★1.3.1【A】
（4）サンプルスクリプトの作成：クリック操作により、プレハブを複製し爆弾を5個作成及び削除するスクリプトを作成しましょう。

●サンプルスクリプト　ExPrefab（配列版）

```
01 #pragma warning disable CS0649
02 using UnityEngine;
03
04 namespace CSharpTextbook
05 {
06   public class ExPrefab : MonoBehaviour
07   {
08     [SerializeField] private GameObject bombPrefab;
09     private const int BombCount = 5;
10     private GameObject[] bombs = new GameObject[BombCount];
11     private bool existsBomb = false;
12
13     void Update()
14     {
15       const int LeftButton = 0;
16       const int RightButton = 1;
17
18       if (!existsBomb && Input.GetMouseButtonDown(LeftButton))
```

```
19      {
20          var initialPosition = new Vector3(-14.0f, 7.0f, 0.0f);
21          var initialRotation = Vector3.zero;
22          var position = initialPosition;
23          for (var i = 0; i < bombs.Length; i++)
24          {
25              bombs[i] = Instantiate(bombPrefab,
                  >>>   position, Quaternion.Euler(initialRotation));
26              var distance = 7.0f;
27              position.x += distance;
28          }
29          existsBomb = true;
30      }
31
32      if (existsBomb && Input.GetMouseButtonDown(RightButton))
33      {
34          foreach (var bomb in bombs)
35          {
36              Destroy(bomb);
37          }
38          existsBomb = false;
39      }
40    }
41  }
42 }
```

(5) スクリプトの解説

（a）9～10行目：複製する爆弾の数を格納する定数BombCountを定義し、さらに複製した爆弾のアドレスを格納する配列bombsを定義します。

（b）11行目：爆弾の有無を記憶する変数existsBombを定義します。

（c）15～16行目：マウスボタンの番号がマジックナンバーにならないように定数LeftButton,RightButtonを定義します。

（d）18行目：if文で、爆弾が無く、かつマウスの左ボタンがクリックされたか判断します。trueなら爆弾を複製する処理を行います。

（e）23行目：for文によりブロック内の処理を繰り返します。

（f）25行目：Instantiate命令でプレハブbombPrefabを複製します。複製された爆弾はメモリー領域に配置されますが、そのアドレスを配列Bombsに格納します。このデータは後で削除処理の際に使用します。

（g）29行目：爆弾を複製し終えたら、変数existsBombをtrueに設定します。

（h）32行目：if文で、爆弾が有り、かつマウスの右ボタンがクリックされたか判断します。true

なら爆弾を削除する処理を行います。

（ⅰ）34～37行目：foreach文を使って、配列bombsから1つずつ爆弾の記憶場所を取り出し、変数bombに格納します。そして、その記憶場所をDestroy命令に渡して爆弾を削除します。

（ｊ）38行目：爆弾を削除したら、変数existsBombをfalseに設定します。

（６）スクリプトファイルの上書き保存：スクリプトファイル「ExPrefab」を上書き保存します。★1.3.3(4)

（７）アタッチ：このスクリプトファイルはUnity編9.3.3にて既にゲームオブジェクト「Launchpad」にアタッチされていますが、そうでない場合はアタッチしてください。★9.3.3(8)

（８）フィールドとプレハブとの関連付け：フィールド「bombPrefab」はUnity編9.3.3にて既にアセット内にあるプレハブ「BombPrefab1」と関連付けられていますが、そうでなければ関連付けをしてください。★9.3.3(9)

（９）シーンの保存及び実行：シーン「ScenePrefab」を上書き保存してから実行します。★1.1.2【C】，2.4.2(1)

再生ボタンで実行後、左クリックすると爆弾（球体）が複製され、右クリックで爆弾が削除されます。

［実験9-8(2)］配列

スクリプトに次の変更を加え、上書き保存後、実行します。その結果をよく観察し考察してみましょう。考察後はUnityエディターの【コンソール】の[消去]ボタンでエラーメッセージや警告をクリアします。また、Visual Studioのテキストエディターで Ctrl ＋ Z キーを押し、元のスクリプトに戻します。

（１）配列の範囲：23行目　bombs.Length→6

```
23 for (var i = 0; i < bombs.Length; i++)
```

↓

```
23 for (var i = 0; i < 6; i++)
```

※実行して左クリックすると、コンソールウインドウにエラーが表示されます。

◎着目点：爆弾（球体）は何個作成されましたか。エラーした理由を説明してください。

ヒント：エラーメッセージ「IndexOutOfRangeException: Index was outside the bounds of the array.（インデックスが配列の範囲外になりました。）」

（２）スクリプトファイルの上書き保存：
実験で変更したものをすべて元に戻して、スクリプトファイル「ExPrefab」を上書き保存します。★1.3.3(4)

※再度スクリプトが正しく動作することを確認してください。

▶▶▶C#編演習5-9として上記を行った場合は、C#編5.2.4へ進んでください。

第10章　入力処理

10.1 キーボード入力

ここでは、キーボードによりゲームオブジェクトを操作する方法を学びます。

10.1.1 GetKey

Input.**GetKey**命令で、指定したキーが押されたかどうかがわかります。この命令は、そのキーが押されている間はtrueを、そうでなければfalseを返します。その書式を次に示します。

●書式

```
Input.GetKey(KeyCode.キーコード名)
```

●例

```
if (Input.GetKey(KeyCode.RightArrow)){ （中略） }
```

主なキーコードを次に示します。

●表10-1-1　主なキーコード

キートップの文字	キーコード名	備考
Aキー	A	他のアルファベットも同様
1キー	Alpha1	他の数字も同様
スペースキー	Space	
Return（Enter）キー	Return	
左矢印キー	LeftArrow	
右矢印キー	RightArrow	
上矢印キー	UpArrow	
下矢印キー	DownArrow	
左側Shiftキー	LeftShift	右側はRightShift
左側Ctrlキー	LeftControl	右側はRightControl
左側Altキー	LeftAlt	右側はRightAlt
テンキーパッドの1キー	Keypad1	他の数字も同様
テンキーパッドの+キー	KeypadPlus	
テンキーパッドの-キー	KeypadMinus	
テンキーパッドの*キー	KeypadMultiply	
テンキーパッドの/キー	KeypadDivide	
テンキーパッドのEnterキー	KeypadEnter	
ファンクションキーのF1キー	F1	他のファンクションキーも同様

Input.GetKeyの他に、Input.**GetKeyDown**、Input.**GetKeyUp**があります。GetKeyDownはキーが押された直後のみtrueとなり、その後押されたままであってもfalseとなります。GetKeyUpも同様にキーが離された直後のみtrueになります。

10.1.2　サンプルスクリプトExGetKey

（1） シーンの作成：まず、シーン「BaseScene」を開き、[別名保存]にて保存先フォルダーを「¥Assets¥Scenes」とし、シーン名を「SceneGetKey」に変更して保存します。★1.1.2【C】

（2） テキストボックスの変更：次のとおり、テキストボックス「UpperSideTextBox」を変更します。★8.1.5(2)

> ＜キーボード入力＞
> キーボードを使ってAircraftを操作します。
> 前進：左側Ctrlキー、
> 上昇：上矢印キー、下降：下矢印キー、
> 右旋回：右矢印キー、左旋回：左矢印キー

同様にテキストボックス「LowerSideTextBox」の[テキスト]欄を空白にします。

（3） スクリプトファイル作成及びVisual Studioの起動：【プロジェクト】内のフォルダー「¥Assets¥Scripts」を開いてから、そのフォルダー内にスクリプトファイルを新規作成し、名前を「ExGetKey」とします。そして、このスクリプトを選択し、Visual Studioを起動します。★1.3.1【A】

（4） サンプルスクリプトの作成：ゲームオブジェクトをキーボードで操作するスクリプトを作成しましょう。

●サンプルスクリプト　ExGetKey

```
01  using UnityEngine;
02
03  namespace CSharpTextbook
04  {
05    public class ExGetKey : MonoBehaviour
06    {
07      void Update()
08      {
09        var translation = Vector3.zero;
10        var zVelocity = 5.0f;
11        translation.z = Input.GetKey(KeyCode.LeftControl)
    >>>     ? zVelocity * Time.deltaTime : translation.z;
12        var yVelocity = 3.0f;
13        translation.y = Input.GetKey(KeyCode.UpArrow)
    >>>     ? yVelocity * Time.deltaTime : translation.y;
14        translation.y = Input.GetKey(KeyCode.DownArrow)
```

```
               >>>    ? -yVelocity * Time.deltaTime : translation.y;
15         transform.Translate(translation);
16
17         var rotation = Vector3.zero;
18         var yAngularVelocity = 30.0f;
19         rotation.y = Input.GetKey(KeyCode.RightArrow)
               >>>    ? yAngularVelocity * Time.deltaTime : rotation.y;
20         rotation.y = Input.GetKey(KeyCode.LeftArrow)
               >>>    ? -yAngularVelocity * Time.deltaTime : rotation.y;
21         transform.Rotate(rotation);
22     }
23   }
24 }
```

(5) サンプルスクリプトの解説：

（a）9行目：移動距離を格納するための変数`translation`を定義します。初期値はx、y、z軸すべて`0.0f`です。

（b）10及び12行目：Z軸及びY軸方向の移動速度を格納する変数`zVelocity`、`yVelocity`を定義します。

（c）11行目：条件演算子による処理です。`Input.GetKey(KeyCode.LeftControl)`は左側 Ctrl キーが押されている間`true`の値を、そうでなければ`false`の値を返します。`true`なら移動距離＝移動速度×時間（`zVelocity * Time.deltaTime`）を計算し、その結果を`translation.z`に代入します。そうでなければ現在の`translation.z`の値（`0.0f`）を`translation.z`に代入します。★5.1.3

（d）13～14行目：まず、上矢印キーが押された場合を考えます。`Input.GetKey(KeyCode.UpArrow)`は`true`なので、`translation.y`に`yVelocity * Time.deltaTime`を代入します。その後の`Input.GetKey(KeyCode.DownArrow)`は`false`となるので、上矢印キーで代入した値を持つ`translation.y`を再び`translation.y`に代入します。

次に下矢印キーが押された場合を考えます。`Input.GetKey(KeyCode.UpArrow)`は`false`なので、初期値（`0.0f`）の`translation.y`を再び`translation.y`に代入します。その後の`Input.GetKey(KeyCode.DownArrow)`は`true`となるので、`translation.y`に`-yVelocity * Time.deltaTime`を代入します。★5.1.3

（e）15行目：Z軸及びY軸方向の移動距離を格納した変数`translation`を`transform.Translate`命令に渡して、ゲームオブジェクトを移動させます。

（f）17～21行目：（d）同様に右矢印キーと左矢印キーを判断し、それぞれに対応したY軸回りの回転角度`rotation.y`の値を求めます。そして、`rotation`を`transform.Rotate`命令に渡し、ゲームオブジェクトを回転させます。

(6) スクリプトファイルの上書き保存及びアタッチ：スクリプトファイル「ExGetKey」を上書

き保存します。そして、このスクリプトをゲームオブジェクト「Aircraft」にアタッチします。★1.3.3(4), 2.4.1

(7) シーンの保存及び実行：シーン「SceneGetKey」を上書き保存してから実行します。★1.1.2【C】, 2.4.2(1)

実行後、左側 [Ctrl] キー、上・下・右・左矢印キーを押してAircraftを動かしてみましょう。

●図10-1-1　ExGetKeyの実行結果

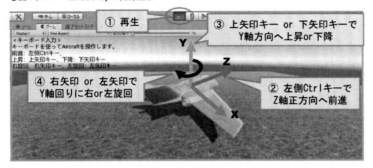

(8) 実行終了：実行結果を確認後、スクリプトの実行を終了します。★C#編2.5.2(2)参照

[実験10-1] 条件演算子

スクリプトに次の変更を加え、上書き保存後、実行します。その結果をよく観察し考察してみましょう。考察後はUnityエディターの【コンソール】の[消去]ボタンでエラーメッセージや警告をクリアします。また、Visual Studioのテキストエディターで [Ctrl] + [Z] キーを押し、元のスクリプトに戻します。

(1) 条件演算子のelse節：11行目　else節相当部分を削除

```
11 translation.z = Input.GetKey(KeyCode.LeftControl)
   >>>   ? zVelocity * Time.deltaTime : translation.z;
```

↓

```
11 translation.z = Input.GetKey(KeyCode.LeftControl)
   >>>   ? zVelocity * Time.deltaTime :;
```

◎着目点：原因を適切に指摘していないエラーメッセージがあることを確認します。

(2) 返す値の型その1：14行目　translation.y→0.0

```
14 translation.y = Input.GetKey(KeyCode.DownArrow)
   >>>   ? -yVelocity * Time.deltaTime : translation.y;
```

↓

```
14 translation.y = Input.GetKey(KeyCode.DownArrow)
   >>>    ? -yVelocity * Time.deltaTime : 0.0;
```

◎着目点：エラーが発生した理由を説明してください。★5.1.3

（3） 返す値の型その２：前項の変更を戻さずに、14行目　0.0→0.0f

```
14 translation.y = Input.GetKey(KeyCode.DownArrow)
   >>>    ? -yVelocity * Time.deltaTime : 0.0;
```

↓

```
14 translation.y = Input.GetKey(KeyCode.DownArrow)
   >>>    ? -yVelocity * Time.deltaTime : 0.0f;
```

◎着目点：エラーメッセージが消えた理由は何ですか。また、上矢印キーと下矢印キーを押し、どのように動きましたか。上矢印キーが正しく動作しない理由を説明してください。

（4） スクリプトファイルの上書き保存：実験で変更したものをすべて元に戻して、スクリプトファイル「ExGetKey」を上書き保存します。★1.3.3(4)
※再度スクリプトが正しく動作することを確認してください。

▶▶▶ C#編演習5-5として上記を行った場合は、C#編5.1.3演習5-6へ進んでください。

10.2 マウスボタン入力

ここでは、マウスの左・右・中央ボタンをクリックしてゲームオブジェクトを操作する方法を学びます。

10.2.1 GetMouseButton

`Input.GetMouseButton`命令で、マウスの左ボタン、右ボタンあるいは中央ボタンが押されているかを調べることができます。この命令はマウスのボタンを押し続けている間はtrueを、そうでなければfalseを返します。その書式を次に示します。なお、書式にあるボタン番号は調べたいボタンを指定します。マウスのボタンとボタン番号の対応は下表のとおりです。

●書式
```
Input.GetMouseButton(ボタン番号)
```

●例
```
if (Input.GetMouseButton(0)) { （中略） }
```

●表10-2-1　Input.GetMouseButtonのボタン番号

ボタン	ボタン番号
左ボタン	0
右ボタン	1
中央ボタン	2

`Input.GetMouseButton`の他に、`Input.`**GetMouseButtonDown**、**GetMouseButtonUp**があります。GetMouseButtonDownはボタンが押された直後のみtrueとなり、その後ボタンが押されたままであってもfalseとなります。GetMouseButtonUpも同様にボタンが離された直後のみtrueになります。

10.2.2 サンプルスクリプトExGetMouseButton

（1）シーンの作成：まず、シーン「BaseScene」を開き、[別名保存]にて保存先フォルダーを「￥Assets￥Scenes」とし、シーン名を「SceneGetMouseButton」に変更して保存します。★1.1.2【C】

（2）テキストボックスの変更：次のとおり、テキストボックス「UpperSideTextBox」を変更します。★8.1.5(2)

> ＜マウスボタン入力＞
> マウスボタンを使ってAircraftを操作します。
> 右旋回：右ボタン、左旋回：左ボタン

同様にテキストボックス「LowerSideTextBox」の[テキスト]欄を空白にします。

（3） スクリプトファイル作成及びVisual Studioの起動：【プロジェクト】内のフォルダー「￥Assets￥Scripts」を開いてから、そのフォルダー内にスクリプトファイルを新規作成し、名前を「ExGetMouseButton」とします。そして、このスクリプトを選択し、Visual Studioを起動します。

★1.3.1【A】

（4） サンプルスクリプトの作成：マウスボタンを使ってゲームオブジェクトを左右に回転するスクリプトを作成しましょう。

●サンプルスクリプト　ExGetMouseButton

```
01  using UnityEngine;
02
03  namespace CSharpTextbook
04  {
05      public class ExGetMouseButton : MonoBehaviour
06      {
07          void Update()
08          {
09              const int LeftButton = 0;
10              const int RightButton = 1;
11
12              var rotation = Vector3.zero;
13              var yAngularVelocity = 30.0f;
14              rotation.y = Input.GetMouseButton(RightButton)
                    >>> ? yAngularVelocity * Time.deltaTime : rotation.y;
15              rotation.y = Input.GetMouseButton(LeftButton)
                    >>> ? -yAngularVelocity * Time.deltaTime : rotation.y;
16              transform.Rotate(rotation);
17          }
18      }
19  }
```

（5） サンプルスクリプトの解説：

（a）9～10行目：マウスのボタン番号がマジックナンバーにならないように定数を定義します。

（b）12行目：回転角度を格納するための変数rotationを定義します。初期値はX、Y、Z軸すべて0.0fです。

（c）13行目：条件演算子による処理です。Y軸回りの角速度を格納する変数yAngularVelocityを定義します。

（d）14～16行目：まず、右ボタンが押された場合を考えます。Input.GetMouseButton(RightButton)はtrueなので、回転角度＝角速度×時間（yAngularVelocity * Time.deltaTime）を計算し、その結果をrotation.yに代入します。その後のInput.GetMouseButton(LeftButton)はfalseとなるので、先に代入した値を持つrotation.yを再びrotation.yに代入します。

次に左ボタンが押された場合を考えます。Input.GetMouseButton(RightButton)はfalseなので、初期値（0.0f）のrotation.yを再びrotation.yに代入します。その後のInput.GetMouseButton(LeftButton)はtrueとなるので、rotation.yに-yAngularVelocity * Time.deltaTimeを代入します。そして、rotationをtransform.Rotate命令に渡し、ゲームオブジェクトを回転させます。★5.1.3

（6） スクリプトファイルの上書き保存及びアタッチ：スクリプトファイル「ExGetMouseButton」を上書き保存します。そして、このスクリプトをゲームオブジェクト「Aircraft」にアタッチします。★1.3.3(4), 2.4.1

（7） シーンの保存及び実行：シーン「SceneGetMouseButton」を上書き保存してから実行します。★1.1.2【C】, 2.4.2(1)

実行後、マウスの右・左ボタンを押してAircraftを旋回させてみましょう。

●図10-2-1　ExGetMouseButtonの実行結果

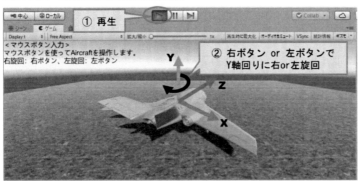

（8） 実行終了：実行結果を確認後、スクリプトの実行を終了します。★2.4.2(2)

▶▶▶ C#編演習5-6として上記を行った場合は、C#編5.1.3演習5-7へ進んでください。

10.3 ポインター入力

ここではポインター（マウスカーソル、タッチスクリーン上の指先など）によりゲームオブジェクトを操作する方法を学びます。

10.3.1 OnPointer関連メソッド

マウスカーソルやタッチスクリーン上の指など「画面を指し示すもの」を総称して**ポインター**[1]といいます。Unityのイベントシステムは、ポインターがゲームオブジェクトをクリック（またはタップ）したり、ドラッグする様子を把握し、そのイベント発生時に対応するイベントハンドラー（メソッド）を呼び出します。その主なイベントハンドラーを次に示します。なお、コライダーについてはUnity編12.2.1を参照してください。

●表10-3-1 ポインターに関する主なイベントハンドラー

状態	イベントハンドラー（上段）及びインターフェイス（下段）	呼び出されるタイミング
侵入開始時	void OnPointerEnter(PointerEventData eventData) IPointerEnterHandler	ポインターがコライダーに侵入した直後、1度だけ呼び出されます。
離脱時	void OnPointerExit(PointerEventData eventData) IPointerExitHandler	ポインターがコライダーから離れた直後、1度だけ呼び出されます。
クリック時	void OnPointerClick(PointerEventData eventData) IPointerClickHandler	ポインターでクリック（またはタップ）したときに呼び出されます。
ドラッグ開始時	void OnBeginDrag(PointerEventData eventData) IBeginDragHandler	ドラッグ開始直後、1度だけ呼び出されます。
ドラッグ時	void OnDrag(PointerEventData eventData) IDragHandler	ドラッグ時にポインターが移動するたびに呼び出されます。
ドラッグ終了時	void OnEndDrag(PointerEventData eventData) IEndDragHandler	ドラッグが終了した直後、1度だけ呼び出されます。
マウスホイールスクロール時	void OnScroll(PointerEventData eventData) IScrollHandler	マウスのホイールがスクロールするたびに呼び出されます。

ポインター関連のイベントハンドラーを使用する際の要点を次に示します。

（1）イベントシステムを利用するため、UnityEngine.EventSystemsをusingディレクティブに指

---

1. アドレスを格納するポインターのことではありません。

定します。
（2） 対応するインターフェイスを宣言する必要があります。★6.14.3

●例
```
public class ExPointer : MonoBehaviour, IDragHandler, IEndDragHandler
```

（3） シーンにゲームオブジェクト「EventSystem」が必要です。★8.1.1(2)、8.1.3

（4） ポインターがゲームオブジェクトのコライダーに触れているかなどを判定するコンポーネント「PhysicsRaycaster」を設定します。このコンポーネントによりポインターの動きを把握し、それに応じたイベントハンドラーを呼び出します。具体的な設定方法はサンプルスクリプト「ExPointer」で説明します。

（5） ポインターで操作しないゲームオブジェクトについては、PhysicsRaycasterの判定を受けないように、「レイキャスターターゲット」をオフに設定します。具体的な設定方法はサンプルスクリプト「ExPointer」で説明します。

（6） 上表のイベントハンドラーのパラメーターeventDataからさまざまな情報をを得ることができます。情報の具体的内容は、Visual Studioのコードエディターにおいて、eventDataのパラメーターヒントにより確認することができます。★1.3.2(2)

●例
```
pos.x = eventData.position.x;  ※ポインターの位置情報を取得
```

（7） メソッド`OnPointerClick`ではパラメーター`eventData`を使ってクリックしたボタンを判定することができます。

●例
```
if (eventData.button == PointerEventData.InputButton.Left) {  (中略)  }
※左ボタン：Left、右ボタン：Right、中央ボタン：Middle
```

10.3.2　ポインターの座標変換

　次にポインターの位置について考えてみます。ポインターはディスプレイ画面上にある2次元のスクリーン座標系内にあります。一方、そのディスプレイに描かれているUnityのCG世界は3次元[2]のワールド座標系内にあります。ポインターの種々の処理を行うためには、2次元のスクリーン座標系のポインターの位置を3次元のワールド座標系の位置に変換する必要があります。

●図10-3-1　スクリーン座標系とワールド座標系

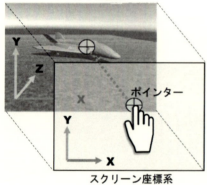

　ScreenToWorldPoint命令で、スクリーン座標系の位置をワールド座標系に変換することができます。

●書式
```
Camera.main.ScreenToWorldPoint(Vector3型スクリーン座標系の位置)
※戻り値はVector3型
```

　このパラメーターはVector3型で、X・Y軸の値にはスクリーン座標系のポインターの位置（X、Y）を設定します。そして、Z軸の値にはワールド座標系におけるポインターのZ軸方向の位置からカメラまでの距離を設定します。
その計算例を次に示します。

---

2. もちろん2次元のゲームもありますが、本書では3次元のみ扱うことにします。

●例
```
screenPosition.z = transform.position.z - Camera.main.transform.position.z;
```

　transform.position.zはポインター操作の対象とするゲームオブジェクトのZ軸方向の位置を表し、Camera.main.transform.position.zは、カメラのZ軸方向の位置を表します。この計算結果はゲームオブジェクトを操作するポインターとカメラとの距離になります。

10.3.3　サンプルスクリプトExPointer

（1）シーンの作成：まず、シーン「BaseScene」を開き、[別名保存]にて保存先フォルダーを「¥Assets¥Scenes」とし、シーン名を「ScenePointer」に変更して保存します。★1.1.2【C】
（2）テキストボックスの変更：次のとおり、テキストボックス「UpperSideTextBox」を変更します。★8.1.5(2)

> ＜ポインター入力処理＞
> Aircraftの上にマウスカーソル（指）を置くと前進、
> クリック（タップ）で自転（向き変更）、
> ドラッグでポインターに追従して
> 上下左右に移動します。

同様にテキストボックス「LowerSideTextBox」の[テキスト]欄を空白にします。
（3）PhysicsRaycasterの設定：ここではメインカメラにPhysicsRaycasterを設定します。
　【ヒエラルキー】→　[MainCamera] →【インスペクター】→ [コンポーネントを追加] → [Event] → [PhysicsRaycaster]
※Main Cameraの[タグ]=Main Cameraになっていることを確認してください。

●図10-3-2　PhysicsRaycasterの設定

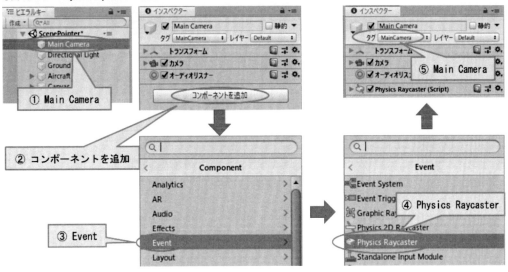

(4) レイキャスターターゲットの設定：【ゲームビュー】の画面前方にはテキストボックス「UpperSideTextBox」と「LowerSideTextBox」があり、その後方に3D世界があります。ポインターがこれらのテキストボックスを検出しないように設定します。具体的には、下図のとおり対象とするゲームオブジェクトの[レイキャスターターゲット]項目をオフに設定します。

【ヒエラルキー】 → [Canvas]の▶ → [UpperSideTextBox] → 【インスペクター】 → [テキスト(スクリプト)] → [レイキャストターゲット]=オフ

同様に[UpperSideTextBox]の[レイキャストターゲット]をオフに設定します。

●図10-3-3　レイキャスターターゲットの設定

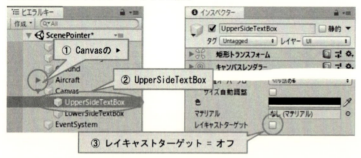

(5) スクリプトファイル作成及びVisual Studioの起動：【プロジェクト】内のフォルダー「￥Assets￥Scripts」を開いてから、そのフォルダー内にスクリプトファイルを新規作成し、名前を「ExPointer」とします。そして、このスクリプトを選択し、Visual Studioを起動します。★1.3.1【A】

(6) サンプルスクリプトの作成：タッチスクリーン上でタップ、ドラッグなどでゲームオブジェクトが動くスクリプトを作成しましょう。

●サンプルスクリプト　ExPointer

```
01  using UnityEngine;
02  using UnityEngine.EventSystems;
03
04  namespace CSharpTextbook
05  {
06      public class ExPointer : MonoBehaviour,
    >>>    IPointerEnterHandler, IPointerExitHandler,
07          IBeginDragHandler, IDragHandler, IPointerClickHandler
08      {
09          private Vector3 screenPosition = Vector3.zero;
10          private float velocity = 0.0f;
11
12          void Update()
13          {
14              transform.Translate(0.0f, 0.0f, velocity * Time.deltaTime);
15          }
```

```
16
17    public void OnPointerEnter(PointerEventData eventData)
18    {
19      velocity = 3.0f;
20    }
21
22    public void OnPointerExit(PointerEventData eventData)
23    {
24      velocity = 0.0f;
25    }
26
27    public void OnBeginDrag(PointerEventData eventData)
28    {
29      screenPosition.z = transform.position.z
                  >>>   - Camera.main.transform.position.z;
30    }
31
32    public void OnDrag(PointerEventData eventData)
33    {
34      screenPosition.x = eventData.position.x;
35      screenPosition.y = eventData.position.y;
36      var worldPosition = Camera.main.ScreenToWorldPoint(screenPosition);
37      var centerAircraft = new Vector3(0.0f, 2.0f, 0.0f);
38      transform.position = worldPosition - centerAircraft;
39    }
40
41    public void OnPointerClick(PointerEventData eventData)
42    {
43      var yAngle = 20.0f;
44      transform.Rotate(0.0f, yAngle, 0.0f);
45    }
46  }
47 }
```

(7) サンプルスクリプトの解説：

（a）2行目：ポインターの各種イベント判定をイベントシステムが行うため、EventSystemsをusingディレクティブに指定します。

（b）6行目：クラス名の後に、基底クラス及び使用するポインター関連のインターフェイス名を列記します。★6.14.3

（c）9行目：スクリーン座標系のポインターの位置を格納するフィールドscreenPositionを定義

します。

（d）10行目：Aircraftの速度を格納するフィールドvelocityを定義します（初期値ゼロ）。

（e）12～15行目：Updateメソッドのブロック内に、Aircraftを前進させる命令を記述します。Aircraftのコライダー上にポインターがある間はvelocityの値がゼロではないため前進します。

（f）17～25行目：ポインターがAircraftのコライダーの上にあるときはvelocityの値を3に設定し、コライダーから離脱したときはVelocityの値をゼロに設定します。

（g）27～30行目：ドラッグが始まるときに、現在のAircraftのZ軸方向の位置とカメラまでの距離を求め、screenPosition.zに格納しておきます。この値はスクリーン座標系からワールド座標系に変換する際に使用します。

（h）32～39行目：ドラッグしているとき、ポインターの位置にAircraftが追従するようにします。

（i）34～35行目：ポインターのスクリーン座標系の位置（eventData.position.x及びy）をscreenPositionに格納します。

（j）36行目：ScreenToWorldPoint命令でポインターのスクリーン座標系の位置をワールド座標系に変換します。

（k）37～38行目：Aircraftの3Dモデルの原点は地面との接地面にあります。しかし、ポインターで操作する際はAircraft機体の中心が適していますので、地面と機体中心までの距離の分だけAircraftの位置を補正します。そして、transform.position命令で位置を変更し、ポインターにAircraftが追従するようにします。

（l）41～45行目：クリック（またはタップ）したとき、Aircraftを自転させます。

（8）スクリプトファイルの上書き保存及びアタッチ：スクリプトファイル「ExPointer」を上書き保存します。そして、このスクリプトをゲームオブジェクト「Aircraft」にアタッチします。★1.3.3(4), 2.4.1

（9）シーンの保存及び実行：シーン「ScenePointer」を上書き保存してから実行します。★1.1.2【C】, 2.4.2(1)

　再生ボタン押した後、まずAircraft以外の場所（地面部分）にポインターを置き、それをスライドさせてAircraftの上に移動させると、Aircraftが前進します。Aircraftをクリック（またはタップ）すると自転（向き変更）します。さらにAircraftをドラッグすると、ポインターに追従して上下・左右に移動します。

●図10-3-4　ExPointerの実行結果

▶▶▶ C#編演習6-5として上記を行った場合は、C#編6.15演習6-6へ進んでください。

11

第11章　エフェクト

11.1 パーティクルシステム

Unityにはゲームを演出するために、爆発や移動の軌跡などを表現する機能が用意されており、これらを**エフェクト**といいます。ここでは代表的なエフェクトであるパーティクルシステムについて学びます。

パーティクルシステムは爆発、炎、雲、滝などの流れを表現する際に使用するもので、小さな粒子を大量に発生するアニメーションです。

11.1.1 パーティクルシステムの設定

ここでは爆弾のプレハブに爆炎を表現するパーティクルシステムを設定します。

（1）シーンの作成：Unity編9.8.4で使用したシーン「ScenePrefab」を開き、[別名保存]にて保存先フォルダーを「¥Assets¥Scenes」とし、シーン名を「SceneParticleSystem」に変更して保存します。★1.1.2【C】

（2）不要なスクリプトの削除：ゲームオブジェクト「Launchpad」にアタッチされているスクリプト「ExPrefab」を削除します。

【ヒエラルキー】→ [Launchpad] → 【インスペクター】→ [ExPrefab(Script)]の右上の歯車アイコン → [コンポーネントを削除]

（3）プレハブのコピー：【プロジェクト】→ [Assets] → [Prefab] → [BombPrefab1]を【ヒエラルキー】へドラッグ&ドロップ → 名前を「BombPrefab2」に変更 → [BombPrefab2]をPrefabフォルダーへドラッグ&ドロップ → ダイアログボックス「プレハブを作成する」の[元となるプレハブ] → これでコピー完了 → 【ヒエラルキー】にある[BombPrefab2]を削除します。

●図11-1-1　プレハブのコピー

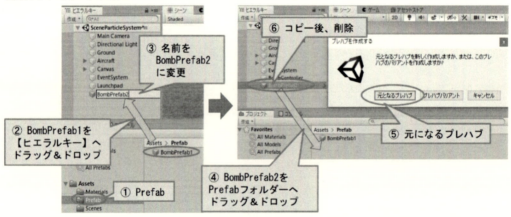

(4) パーティクルシステムの組み込み

（a）パーティクルシステムコンポーネントの追加：【プロジェクト】→ [Assets] → [Prefab] → [BombPrefab2] → 【インスペクター】 → [プレハブを開く]（※必ずこのボタンを押してください。）→ [コンポーネントの追加] → [Effects] → [Particle System]

●図11-1-2　パーティクルシステムコンポーネントの追加

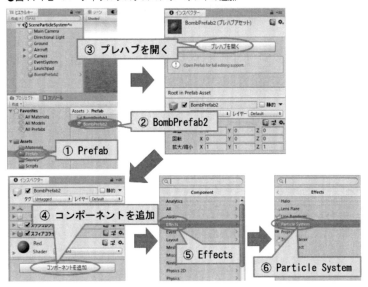

（b）パーティクルシステムの設定：【インスペクター】の[パーティクルシステム]の各設定欄を次のとおり設定します。それ以外はデフォルトのままにします。

区分	設定項目	値	意味
メイン	継続時間	2	パーティクルシステムの実行時間です。
	ループ	チェックオフ	有効にすると継続して繰り返します。
	開始時の生存期間	1	パーティクル（粒子）の最初の生存期間です。
	開始時のスピード（欄の右端の▼をクリック）	2つの値間でランダム　5　10	パーティクルの初速です。
	開始時のサイズ	3	パーティクルの最初のサイズです。
	ゲーム開始時に再生	チェックオフ	有効にすると、オブジェクト生成時にパーティクルシステムが開始します。
放出	時間ごとの率	0	1秒当たりに放出されるパーティクルの数です。
	（「+」でバーストを追加）カウント	100	バーストは一斉放出を行います。カウントは放出されるパーティクルの数を設定します
	間隔	0.01	この間隔ごとにバーストを繰り返します。
形状	形状	スフィア	パーティクルを放出する形状です。
	半径	0.01	形状の半径です。
レンダラー	マテリアル	（アセット内の）ParticleFirework	パーティクルで使用するマテリアルです。

第11章　エフェクト　279

※マテリアルの「ParticleFirework」がない場合は、C#編1.1.2【C】(6)のパッケージを読み込んでいない可能性があります。テキストに従い、パッケージを読み込んでください。

（ｃ）爆炎の調整：【インスペクター】→ [パーティクルシステム] → [生存期間の色]=オン。ここでは、最初は黄色で燃やし、徐々に赤色に変化させます。そして、消える直前は黒色、かつ透明（アルファ値＝0）にします。透明にすることで、爆炎の消え方が自然になります。それでは、下図のとおり設定しましょう。

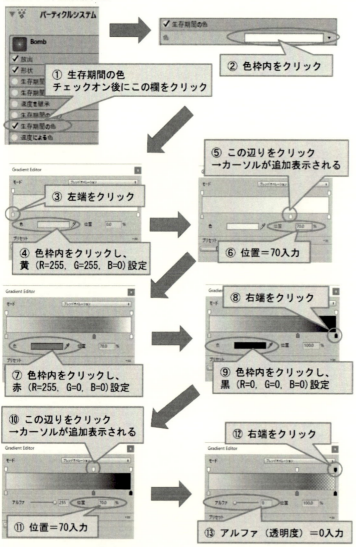

●図11-1-3　生存期間の色

（5）プレハブの編集終了：【ヒエラルキー】→ [BombPrefab2] の左端「＜」をクリック
（6）シーンの保存：シーン「SceneParticleSystem」を上書き保存します。★1.1.2【C】

11.1.2 パーティクルシステムに関する命令

パーティクルシステムを操作するためのフィールドを次のとおり宣言します。★8.1.4

●書式
```
[SerializeField] private ParticleSystem フィールド名
```

●例
```
[SerializeField] private ParticleSystem particle;
```

パーティクルシステムを操作するメソッド及びプロパティを次に示します。現段階ではプロパティはパーティクルシステムの状態を表す変数と考えてよいでしょう。★6.5

●表11-1-1　パーティクルシステム操作ための主なメソッド及びプロパティ

区分	命令など	意味
メソッド	Play()	開始
	Stop()	停止
	Pause()	一時停止
プロパティ	main.duration	継続時間
	main.startLifetime	開始時の生存期間
	main.startSize	開始時のサイズ

上表のパーティクルシステムのメソッド及びプロパティの書式を次に示します。

＜パーティクルシステムのメソッドの呼び出し＞

●書式
```
ParticleSystem型フィールド名あるいは変数名.メソッド名();
```

●例
```
[SerializeField] private ParticleSystem myParticle;
 (中略)
myParticle.Play();
```

＜パーティクルシステムからの値の取得＞

●書式
```
ParticleSystem型フィールド名あるいは変数名.main.プロパティ
```

●例
```
var durationTime = myParticle.main.duration;
```


＜パーティクルシステムへの値設定＞[1]

●書式
```
パーティクルシステムのメインモジュール名.プロパティ = 値;
```

●例
```
var psMain = myParticle.main;
○ psMain.startSize = 3.0f;
× myParticle.main.startSize = 3.0f;
```
　※パーティクルシステムのmainを直接書き換えることはできません。

11.1.3　サンプルスクリプトExParticleSystemとExCreatBombs

（1）シーンを開く：Unity編11.1.1で使用したシーン「SceneParticleSystem」を開きます。★1.1.2【C】

（2）テキストボックスの変更：次のとおり、テキストボックス「UpperSideTextBox」を変更します。★8.1.5(2)

> ＜パーティクルシステム＞
> 3秒間隔でプレハブ（爆弾）が複製され、
> パーティクルシステムにより爆炎が表示されます。

同様にテキストボックス「LowerSideTextBox」の[テキスト]欄を空白にします。

（3）スクリプトファイル作成及びVisual Studioの起動：まず、プレハブ「BombPrefab」にアタッチするスクリプトから作成します。【プロジェクト】内のフォルダー「￥Assets￥Scripts」を開いてから、そのフォルダー内にスクリプトファイルを新規作成し、名前を「ExParticleSystem」とします。そして、このスクリプトを選択し、Visual Studioを起動します。★1.3.1【A】

（4）サンプルスクリプトの作成：パーティクルシステムで作られた爆炎が発生するスクリプトを作成しましょう。

●サンプルスクリプト　ExParticleSystem
```
01 #pragma warning disable CS0649
02 using UnityEngine;
03
```

---
1. ここではパーティクルシステムのメインモジュールのみ対象としています。

```
04 namespace CSharpTextbook
05 {
06   public class ExParticleSystem : MonoBehaviour
07   {
08     [SerializeField] private ParticleSystem particle;
09
10     void Start()
11     {
12       particle.Play();
13       Destroy(gameObject, particle.main.duration);
14     }
15   }
16 }
```

(5) サンプルスクリプトの解説：
（a）8行目：パーティクルシステムを操作するためのフィールドparticleを宣言します。
（b）12行目：Play命令でパーティクルシステムを開始します。これにより爆炎が表示されます。
（c）13行目：particle.main.durationによりパーティクルシステムの継続時間を得ます。爆炎が始まってから終わるまでの時間です。この時間の間、遅延してからオブジェクトを破棄します。これより先に破棄すると、爆炎も破棄されてしまうからです。

(6) スクリプトファイルの上書き保存及びアタッチ：スクリプトファイル「ExParticleSystem」を上書き保存します。そして、このスクリプトをプレハブ「BombPrefab2」にアタッチします。

　【プロジェクト】→ [Assets] → [Prefab] → [BombPrefab2] → 【インスペクター】→ [プレハブを開く]（※必ずこのボタンを押してください。）→ [コンポーネントの追加] → [Scripts] → [ExParticleSystem]

(7) フィールドとパーティクルシステムとの関連付け：フィールド「particle」と、自身のゲームオブジェクトに組み込まれているパーティクルシステムを関連付けます。

　（前項の作業の続き）→ [Ex Particle System (Script)] → [Particle]欄右端の◎ → ダイアログボックス「Select ParticleSystem」→ [Self]タブ → [BombPrefab2]

※Selefタブがない場合は前項（6）の[プレハブを開く]をクリックしていない可能性があります。

●図11-1-4　フィールドとパーティクルシステムとの関連付け

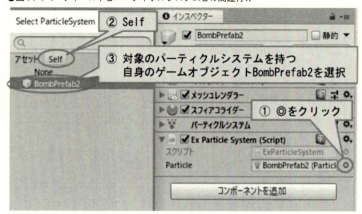

（8）プレハブの編集終了：【ヒエラルキー】→ [BombPrefab2] の左端「＜」をクリック
（9）シーンの保存：シーン「SceneParticleSystem」を上書き保存します。★1.1.2【C】
（10）スクリプトファイル作成：次に、爆弾を作り出すスクリプトを作成します。【プロジェクト】内のフォルダー「￥Assets￥Scripts」を開いてから、そのフォルダー内にスクリプトファイルを新規作成し、名前を「ExCreatBombs」とします。そして、このスクリプトをダブルクリックしてスクリプトファイルを開きます。★1.3.1【A】
（11）サンプルスクリプトの作成：タイマーを使ってプレハブ（爆弾）を複製するスクリプトを作成しましょう。

●サンプルスクリプト　ExCreateBombs

```
01 #pragma warning disable CS0649
02 using UnityEngine;
03
04 namespace CSharpTextbook
05 {
06   public class ExCreateBombs : MonoBehaviour
07   {
08     [SerializeField] private GameObject bombPrefab;
09     private double timer = 0.0;
10
11     void Update()
12     {
13       timer -= Time.deltaTime;
14       if (timer > 0.0) return;
15
16       var position = new Vector3(Random.Range(-10, 10),
       >>>   7.0f, Random.Range(-10, 10));
17       var rotation = Vector3.zero;
```

```
18        Instantiate(bombPrefab, position, Quaternion.Euler(rotation));
19
20        var settingTime = 3.0;
21        timer = settingTime;
22    }
23  }
24 }
```

(**12**) サンプルスクリプトの解説：
（a）8行目：プレハブを操作するためのフィールドbombPrefabを宣言します。
（b）9行目：タイマーの時間を格納するフィールドtimerを定義します（初期値=0）。
（c）13行目：メソッドUpdateで描画するたびに、前フレームからの経過時間Time.deltaTimeを変数timerから差し引いていきます。これによりいつしかtimerの値は0以下になります。
（d）14行目：if文でtimerが0より大きいか判断します。trueならタイマーの設定時間をまだ過ぎていないので、何も実行せずreturn文によりメソッドを終了します。この条件がfalseなら、タイマーの設定時間を過ぎたので、このif文の次の文へ移ります。★5.3.3
（e）16～18行目：爆弾の位置・向きを定めるための変数position、rotationを定義します。positionのX及びZ軸方向の初期位置は乱数を得る関数Random.Rangeで求めます。これにより、爆弾が複製される場所が毎回異なります。position、rotationをInstantiate命令に渡してプレハブbombPrefabを複製します。
（f）20～21行目：タイマーの設定時間を格納する変数settingTimeを定義します（初期値3秒）。そして、変数timerに設定時間を代入します。

(**13**) スクリプトファイルの上書き保存及びアタッチ：スクリプトファイル「ExCreateBombs」を上書き保存します。そして、このスクリプトをゲームオブジェクト「Launchpad」にアタッチします。★1.3.3(4), 2.4.1

(**14**) フィールドとプレハブとの関連付け：フィールド「bombPrefab」とアセットにあるプレハブ「BombPrefab2（パーティクルシステムを組み入れたもの）」を関連付けます。★8.1.5(7)

(**15**) シーンの保存及び実行：シーン「SceneParticleSystem」を上書き保存してから実行します。★1.1.2【C】, 2.4.2(1)

3秒間隔で爆弾が複製され、パーティクルシステムにより爆炎が表示されます。その後爆弾は破棄されます。

●図11-1-5　ExParticleSystemの実行結果

▶▶▶ C#編演習5-11として上記を行った場合は、C#編第6章へ進んでください。

12

第12章　物理シミュレーション

12.1 物理エンジン

　ゲームオブジェクトが落下したり、衝突して跳ね返ったりする物理的挙動を容易に実現するため、Unityには物理的運動をシミュレーションする**物理エンジン**が用意されています。ここでは物理エンジンの概要と設定方法について学びます。

12.1.1　リジッドボディの概要

　物理的シミュレーションを行うには、重力や抵抗力、ゲームオブジェクトの質量などをあらかじめ設定しておく必要があります。**リジッドボディ**は物理エンジンの機能をゲームオブジェクトに付加するコンポーネントです。このコンポーネントの設定項目を次に示します。

●表12-1-1　リジッドボディの主な設定項目

設定項目	内容
質量	重さに比例した物体の量のことです。
抗力	並進（直進）運動する際に受ける抵抗です。
角抗力	自転運動する際に受ける抵抗です。
Use Gravity	有効にすると、重力の影響を受けます。
Is Kinematic	有効にすると、物理的挙動はせず、Transformの値を変更する命令により操作されます。
補間	物理的な動きがぎこちないとき、改善するためのオプションを設定できます。
衝突判定	オブジェクトが高速で動き、衝突を検知しない場合、改善するためのオプションを設定できます。
Constraints	位置、回転を固定する設定ができます。

12.1.2　リジッドボディの設定

　ここではプレハブ「BombPrefab2」にリジッドボディを組み込み、その設定を行います。

　（1）シーンの作成：Unity編11.1.3で使用したシーン「SceneParticleSystem」を開き、[別名保存]にて保存先フォルダーを「￥Assets￥Scenes」とし、シーン名を「SceneCollision」に変更して保存します。★1.1.2【C】

　（2）プレハブのコピー：【プロジェクト】→ [Assets] → [Prefab] → [BombPrefab2]を【ヒエラルキー】へドラッグ＆ドロップ → 名前を「BombPrefab3」に変更 → [BombPrefab3]をPrefabフォルダーへドラッグ＆ドロップ → ダイアログボックス「プレハブを作成する」の[元となるプレハブ] → これでコピー完了 →【ヒエラルキー】にある[BombPrefab3]を削除します。　★11.1.1(3)

　（3）不要なスクリプトの削除：プレハブ「BombPrefab3」にアタッチされているスクリプト「ExParticleSystem」を削除します。

【プロジェクト】→ [Assets] → [Prefab] → [BombPrefab3] → 【インスペクター】→ [プレハブを開く]（※必ずこのボタンを押してください。）→ [Ex Particle System (Script)]の右上の歯車アイコン → [コンポーネントを削除]

(4) リジッドボディの追加：（前項作業の続き）→ [コンポーネントを追加] → [Physics] → [Rigidbody]

●図12-1-1　リジッドボディコンポーネントの追加

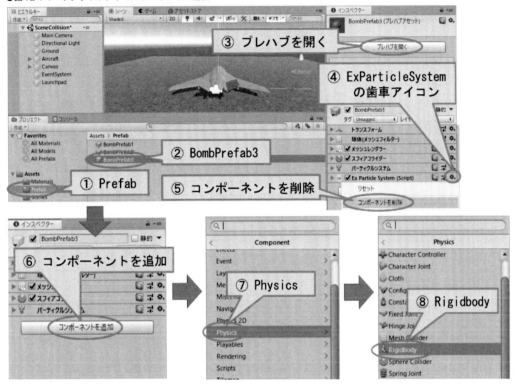

(5) リジッドボディの設定：【プロジェクト】→ [Assets] → [Prefab] → [BombPrefab3] → 【インスペクター】→ [リジッドボディ]のパネルで各種設定ができます。ここでは次のように設定します。他の項目はデフォルトのままとします。

（a）[Use Gravity]=オン（重力の影響を受けます。）
（b）[Is Kenematic]=オフ（Transformの値を操作することはしません。）
（c）[Constraints]
　　[位置を固定] x, y, z すべてチェックオフ（自由に移動する）
　　[回転を固定] x, y, z すべてチェックオフ（自由に回転する）

(6) プレハブ編集終了：【ヒエラルキー】→ [BombPrefab3]の左端「＜」をクリック

(7) 「Launchpad」の設定：プレハブをBombPrefab3に変更します。

　　【ヒエラルキー】→ [Launchpad] → 【インスペクター】→ [Ex Create Bombs (Script)] → [BombPrefab]欄右端の◎ → ダイアログボックス[Selsect GameObject] → [Assets]タブ → [BombPrefab3]をダブルクリック

（8）シーンの保存：シーン「SceneCollision」を上書き保存します。★1.1.2【C】

（9）重力の確認：設定を確認するため実行してみましょう。正しく設定されていれば、爆発した爆弾が落下します。

12.2 衝突

ここではゲームオブジェクトが衝突したときの処理について学びます。

12.2.1 衝突の検出

通常、ゲームではキャラクターやアイテムが何かと衝突したら爆発や得点など衝突時の処理を行います。そのためには衝突を検出する必要があります。Unityでは下図のとおり衝突の検出を行うために、ゲームオブジェクトの形状データとは別に、**コライダー**という透明で衝突を検出できる領域を用意しています。コライダーは通常ゲームオブジェクトと同じ形状か、やや簡素化した形状の領域とします。Unityでいう衝突とはコライダー同士が接触したことを意味します。下図は概略説明のために2次元的表現になっていますが、3Dではコライダーも立体形状です。

●図12-2-1 衝突とコライダー

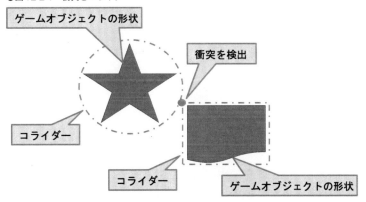

それではゲームオブジェクトにどのようなコライダーが組み込まれているか調べてみましょう。例えば、下図のとおりフォルダー「Prefab」にあるプレハブ「BombPrefab3」の【インスペクター】を調べると、「スフィアコライダー」というコライダーが組み込まれていることがわかります。これは、元になった3Dオブジェクト「Sphere」にあらかじめコライダーが組み込まれていたからです。ちなみに、他の3Dオブジェクトの「Cube」には「ボックスコライダー」が、「Capsule」には「カプセルコライダー」があらかじめ標準として組み込まれています。

●図12-2-2　プリミティブオブジェクトのコライダー

　ここでは爆弾のBombPrefab3、地面のGround、飛行機のAircraft、いずれにもコライダーが組み込まれていますので、特にコライダーを新たに設定する作業はありません。
　衝突を検出するには、衝突の対象であるゲームオブジェクトが次の条件を満たしている必要があります。
（1）両方にコライダーが組み込まれていること。
（2）片方あるいは両方にリジッドボディが組み込まれていること。
（3）両方のコライダーの[トリガーにする]項目がチェックオフであること。（デフォルトではオフになっています。トリガーについては後述。）

12.2.2　衝突時の処理

　例えば衝突して相手が跳ね返るなどの物理的挙動は物理エンジンが自動で行いますので、スクリプトで物理的動きを記述する必要はありません。しかし、衝突したら「爆炎を表すパーティクルシステムを開始する」や「点数を得る」などは物理的なことではないので、スクリプトで衝突した際の処理として記述する必要があります。
　衝突に関する処理を行うために、Unityは次のイベントハンドラー（メソッド）を用意しています。

●表12-2-1　衝突に関するイベントハンドラー

状態	イベントハンドラー	呼び出されるタイミング
衝突開始時	void OnCollisionEnter(Collision collision)	衝突した直後、1度だけ呼び出されます。
接触時	void OnCollisionStay(Collision collision)	衝突し接触している間、繰り返し呼び出されます。
衝突終了時	void OnCollisionExit(Collision collision)	離れた直後、1度だけ呼び出されます。

●例1　衝突したら点数を得る（変数scoreに1を加算する）
```
void OnCollisionEnter(Collision collision)
{
    score += 1;
}
```

　これらのイベントハンドラーはパラメーターcollisionで衝突に関する情報を受け取ります。collision.gameObjectにより衝突相手のゲームオブジェクトがわかります。また、衝突相手を操作することもできます。衝突相手の主な情報を次に示します。

●表12-2-2　衝突相手の主な情報と操作

衝突相手の情報	操作例
名前	var objName = collision.gameObject.name; 衝突相手の名前を得る。例：Aircraft
位置	var xPos = collision.gameObject.transform.position.x; 衝突相手のX軸方向の位置を得る。
向き	if (collision.gameObject.transform.eulerAngles.y > 0.0f){ 中略 } 衝突相手の向きを得る。
回転	collision.gameObject.transform.Rotate(Vector3.up); 衝突相手を回転させる。
色	collision.gameObject.GetComponent<Renderer>().material.color = Color.red; 衝突相手の色を変える。
パーティクルシステム	collision.gameObject.GetComponent<ParticleSystem>().Play(); 衝突相手のパーティクルシステムを開始する。

●例2　もし衝突した相手が"Cube"なら、色を緑に変更する
```
if (collision.gameObject.name == "Cube")
{
    var rdr = collision.gameObject.GetComponent<Renderer>();
    rdr.material.color = Color.green;
}
```

12.2.3　トリガー

　ところで、ゲームにおいて例えば「ゴールにたどり着いた」、「家の中に入った」などの状況に応じて処理したいことがあります。これは、「ゲームオブジェクトがゴールというエリア（コライダー）に侵入した」、「家というエリア（コライダー）に侵入した」と考えることができます。コライダーが別のコライダーに侵入する（重なる）ことを**トリガー**といいます。衝突との相違点は物理エンジンによる物理的挙動が生じず、すり抜けてしまうという点です。

トリガーを検出するには、トリガーの対象であるゲームオブジェクトが次の条件を満たしている必要があります。
（1）両方にコライダーが組み込まれていること。
（2）片方あるいは両方にリジッドボディが組み込まれていること。
（3）片方あるいは両方のコライダーの[トリガーにする]項目がチェックオンであること（下図参照）。

●図12-2-3　トリガー

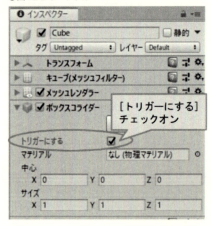

※注意：ここではトリガーはオフにしてください。

トリガーに関するイベントハンドラーは次のとおりです。その書式、呼び出されるタイミングも衝突とよく似ています。また、パラメーター「collision」も同様の使い方ができます。

●表12-2-3　トリガーに関するイベントハンドラー

状態	イベントハンドラー	呼び出されるタイミング
侵入開始時	void OnTriggerEnter(Collider collision)	コライダーに侵入した直後、1度だけ呼び出されます。
侵入時	void OnTriggerStay(Collider collision)	コライダーに侵入している間、繰り返し呼び出されます。
離脱時	void OnTriggerExit(Collider collision)	コライダーから離れた直後、1度だけ呼び出されます。

12.2.4　サンプルスクリプト ExCollision

（1）シーンを開く：Unity編12.1.2で使用したシーン「SceneCollision」を開きます。★1.1.2【C】
（2）テキストボックスの変更：次のとおり、テキストボックス「UpperSideTextBox」を変更します。★8.1.5(2)

　　　<衝突>

> 3秒ごとにプレハブ（爆弾）を複製します。
> 爆弾は重力の影響で落ち、衝突すると爆発します。
> Cubeに爆弾が衝突すると、その影響で揺れ動きます。
> また、Cubeの色が変わります。

同様にテキストボックス「LowerSideTextBox」の[テキスト]欄を空白にします。

(3) Cubeの追加：衝突の現象をわかりやすくするために、ゲームオブジェクトCubeを追加します。

【メニューバー】→ [ゲームオブジェクト] → [3Dオブジェクト] → [キューブ]

(4) Cubeの設定：

（a）位置：飛行機Aircraftの上に載せるように位置付けます。不安定な場所なので、爆弾が衝突すると揺れ動きます。

【ヒエラルキー】→ [Cube] → 【インスペクター】→ [トランスフォーム] → 下表のとおり設定します。

トランスフォーム	Cube					
位置	X	0	Y	5	Z	0
回転	X	0	Y	0	Z	0
拡大/縮小	X	15	Y	1	Z	15

（b）リジッドボディ：（前項作業の続き）→ [コンポーネントを追加] → [Physics] → [Rigidbody] → リジッドボディの各設定項目はデフォルトのままとします。これによりCubeは物理エンジンにより物理的動きをします。

●図12-2-4　Cubeへのリジッドボディコンポーネントの追加

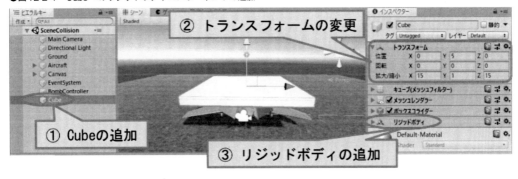

(5) シーンの保存：シーン「SceneCollision」を上書き保存します。★1.1.2【C】

(6) スクリプトファイル作成及びVisual Studioの起動：【プロジェクト】内のフォルダー「￥Assets￥Scripts」を開いてから、そのフォルダー内にスクリプトファイルを新規作成し、名前を「ExCollision」とします。そして、このスクリプトを選択し、Visual Studioを起動します。★1.3.1【A】

(7) サンプルスクリプトの作成：爆弾が衝突したら爆発（パーティクルシステム開始）し、相手の色を変えるスクリプトを作成しましょう。

●サンプルスクリプト　ExCollision

```
01  #pragma warning disable CS0649
02  using UnityEngine;
03
04  namespace CSharpTextbook
05  {
06      public class ExCollision : MonoBehaviour
07      {
08          [SerializeField] private ParticleSystem particle;
09
10          void OnCollisionEnter(Collision collision)
11          {
12              particle.Play();
13              var rdr = GetComponent<Renderer>();
14              rdr.material.color = new Color(0.0f, 0.0f, 0.0f, 0.0f);
15              Destroy(gameObject, particle.main.duration);
16
17              if (collision.gameObject.name == "Cube")
18              {
19                  ChangeColor(collision.gameObject);
20              }
21          }
22
23          void ChangeColor(GameObject obj)
24          {
25              const float MinRange = 0.0f;
26              const float MaxRange = 1.0f;
27              var rColor = Random.Range(MinRange, MaxRange);
28              var gColor = Random.Range(MinRange, MaxRange);
29              var bColor = Random.Range(MinRange, MaxRange);
30              var settingColor = new Color(rColor, gColor, bColor);
31              var rdr = obj.GetComponent<Renderer>();
32              rdr.material.color = settingColor;
33          }
34      }
35  }
```

(8) サンプルスクリプトの解説：

（a）8行目：パーティクルシステムを操作するためのフィールドparticleを宣言します。

（b）10行目：メソッドOnCollisionEnterは衝突時に呼び出されるイベントハンドラーです。

（c）12行目：爆弾BombPrefabに設定したパーティクルシステムを開始します。これにより爆弾の

爆炎を表現します。

（d）13〜15行目：爆弾は爆発したので爆弾の球形を消します。具体的には、いったん爆弾を透明化[1]し、爆炎が終了してからゲームオブジェクトを削除します。

　まず、爆弾を透明にして見えないようにします。このスクリプトをアタッチしたゲームオブジェクト（爆弾）のレンダラーを変数rdrに得ます。この爆弾の色はrdr.material.colorに格納されています。この色をColor(0.0f, 0.0f, 0.0f, 0.0f)に変更します。Colorの括弧内のパラメーターはRGBAを表しており、4番目のAは透明度で、この値をゼロにするとゲームオブジェクトは透明になります。★9.7

　次に、Destroy命令でゲームオブジェクトを削除します。particle.main.durationはパーティクルシステムの継続時間です。これにより、パーティクルシステムの爆炎が終了してから削除されます。★11.1.2

（e）17行目：衝突した相手のゲームオブジェクトを操作します。衝突相手のオブジェクトはcollision.gameObjectから得ることができます。衝突相手の名前が"Cube"のときにif文のブロック内のメソッド「ChangeColor」を実行します。このメソッドに渡されるパラメーターcollision.gameObjectは衝突相手のゲームオブジェクトを表します。★6.4

（f）23〜33行目：衝突した相手のゲームオブジェクトの色を変更するメソッドです。

（g）25〜26行目：乱数の発生範囲の最小値、最大値を格納する定数MinRange、MaxRangeを定義します。

（h）27〜30行目：乱数を使って色の三原色R、G、Bの配分量を得て、それをColor型の変数sittingColorに代入します。これにより実行するたびに異なる色が設定されます。★4.4

（i）31〜32行目：衝突相手のレンダラーを変数rdrに得ます。そして、そのレンダラーのマテリアルにあるcolorに変数settingColorを代入し、ゲームオブジェクトの色を変更します。★9.7

（9）スクリプトファイルの上書き保存及びアタッチ：スクリプトファイル[ExCollision]を上書き保存します。そして、このスクリプトをプレハブ「BombPrefab3」にアタッチします。

【プロジェクト】 → [Assets] → [Prefab] → [BombPrefab3] → 【インスペクター】 → [プレハブを開く] → [コンポーネントの追加] → [Scripts] → [ExCollision]

（10）フィールドとコンポーネントとの関連付け：フィールド「particle」とゲームオブジェクトに組み込まれているパーティクルシステムを関連付けます。

　（前項作業の続き） → [Ex Collision (Script)] → [Particle]欄右欄の◎ → ダイアログボックス[Select ParticleSystem] → [Self]タブ → [BombPrefab3] → 【ヒエラルキー】 → [BombPrefab3]の左端「＜」をクリック

（11）シーンの保存及び実行：シーン「SceneCollision」を上書き保存してから実行します。★1.1.2【C】．2.4.2(1)

　3秒ごとに複製された爆弾は落下し衝突すると爆発します。爆弾がCubeに衝突するとその影響で揺れ動きます。また、Cubeの色が変わります。

---

1. ゲームオブジェクトを非表示にするSetActive(false)を使うと、パーティクルシステムも非表示になり、爆炎が表現できません。

●図12-2-5　ExCollisionの実行結果

［実験12-2］リジッドボディとコライダー

　ここではリジッドボディとコライダーがどのように働いているか観察しましょう。実行時にUnityエディターでリジッドボディ及びコライダーの設定を変更します。この変更は実行を終了すると元に戻ります。下記に実験のための設定変更を示しますが、必ず再生ボタンを押した後に操作してください。

（1）リジッドボディの削除：【ツールバー】→ [再生] → しばらく正常時の状態を観察します。 → [ヒエラルキー] → [Cube] → 【インスペクター】 → [リジッドボディ]の右端にある歯車アイコン → [コンポーネントを削除]
◎着目点：Cubeは揺れ動いていますか。Cubeに爆弾が衝突したとき爆発しますか。Cubeの色は変わりますか。リジッドボディの役割は何ですか。

（2）コライダーの機能停止：（前項の作業の続き） → 【インスペクター】 → [ボックスコライダー] 左端のチェックボックスをオフ（これによりコライダーは機能を停止します。）
◎着目点：Cubeに爆弾が衝突したとき爆発しますか。Cubeの色は変わりますか。衝突とは何が触れ合うことで起こりますか。コライダーの役割は何ですか。

（3）シーンの保存：上記実験後、再生ボタンクリックし、実行を停止してください。そして、リジッドボディが組み込まれていること、コライダーのチェックボックスがオンになっていることを確認してください。そして、シーン「SceneCollision」を上書き保存します。1.1.2【C】
※再度スクリプトが正しく動作することを確認してください。

▶▶▶ C#編演習6-1として上記を行った場合は、C#編6.5へ進んでください。

12.3　物理的な力とトルク

　ここでは、力やトルク（回転力、モーメント）を加えたときのゲームオブジェクトの物理的挙動をシミュレーションする方法を学びます。

12.3.1　AddForce / AddTorque

　AddForce命令はリジッドボディコンポーネントが組み込まれているゲームオブジェクトに力を加える命令です。また、**AddTorque**は同様にトルクを加える命令です。その書式を次に示します。なお、座標系はワールド座標系です。

＜ゲームオブジェクトのリジッドボディの取得＞

●書式
```
[ゲームオブジェクト型変数名.]GetComponent<Rigidbody>()
```

※ゲームオブジェクト型変数名を省略すると、アタッチされているゲームオブジェクトが対象となります。

●例
```
var rby = LaunchObject.GetComponent<Rigidbody>();
```

＜力を加える＞

●書式1
```
リジッドボディ型変数名.AddForce(X軸方向の力, Y軸方向の力, Z軸方向の力 [, ForceMode]);
```

●書式2
```
リジッドボディ型変数名.AddForce(Vector3型の力 [, ForceMode]);
```

●例
```
rby.AddForce(xForce, yForce, zForce, ForceMode.Impulse);
```

＜トルクを加える＞

●書式1
```
リジッドボディ型変数名.AddTorque(X軸回りのトルク, Y軸回りのトルク, Z軸回りのトルク [, ForceMode]);
```

●書式2
```
リジッドボディ型変数名.AddTorque(Vector3型のトルク [, ForceMode])
```

●例
```
Var torque = new Vector3(0.0f, 0.0f, 30.0f);
rby.AddTorque(torque);
```

ForceModeとは、力（あるいはトルク）の働き状態及び質量の考慮の違いを指定するもので、次のとおり4種類あります。

●表12-3-1　AddForce及びAddTorqueのForceMode

ForceMode	意味
Force	継続的な力（またはトルク）を加えます。（質量考慮）
Acceleration	継続的な加速度（または角加速度）を加えます。（質量無視）
Impulse	瞬間的な力（またはトルク）を加えます。（質量考慮）
VelocityChange	瞬間的な加速度（または角加速度）を加えます。（質量無視）

ForceModeの継続的な力とは、例えば自動車のアクセルを踏み続け、エンジンの力を伝え続けている状態です。一方、瞬間的な力とは衝突したときのように瞬時の力を与える状態です。また、質量を考慮した場合は、ニュートンの第二法則「力＝質量×加速度」に従います。ForceModeを省略すると「Force」を指定したものとみなされます。

AddForceあるいはAddTorqueにより力やトルクを与えられたゲームオブジェクトは、物理エンジンのシミュレーションに従い物理的な運動をします。「バットで撃たれたボールが放物線運動を行う」などはこの一例です。

＜単位ベクトルについて＞

ベクトルとは大きさと方向を持つ量のことです。特に、大きさが1のベクトルを**単位ベクトル**といいます。下図のとおり、単位ベクトルと水平とのなす角度がθであるとき、その垂直成分は$\sin\theta$であり、水平成分は$\cos\theta$となります。

●図12-3-1　単位ベクトル

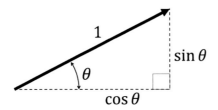

　この単位ベクトルと同じ方向で大きさFの力が作用するとき、その力のベクトルは「単位ベクトル×力の大きさF」で表せます。この式を使ったスクリプトの例を次に示します。

●例
```
var angle = 30.0;
var y = (float)(Math.Sin(angle * Math.PI / 180.0));
var z = (float)(Math.Cos(angle * Math.PI / 180.0));
var unitVector = new Vector3(0.0f, y, z);
var force = 15.0f;
rby.AddForce(unitVector * force, ForceMode.Impulse);
```

　angleの単位は度であるため、三角関数で計算する際は「angle * Math.PI / 180.0」でラジアンに変換して計算します。各軸成分を求め、単位ベクトルを格納する変数unitVectorに代入します。Vector3型の力のベクトルは単位ベクトル×力の大きさ（unitVector * force）で求められます。方向と力の大きさを分けて表記できるメリットがあります。

12.3.2　サンプルスクリプトExAddForce（継承版）

（1）シーンの作成：Unity編12.2.4で使用したシーン「SceneCollision」を開き、[別名保存]にて保存先フォルダーを「￥Assets￥Scenes」とし、シーン名を「SceneAddForce」に変更して保存します。★1.1.2【C】

（2）テキストボックスの変更：次のとおり、テキストボックス「UpperSideTextBox」を変更します。★8.1.5(2)

> ＜力と物理的挙動＞
> 爆弾に力を加え、発射します。
> 爆弾は物理法則に従い放物線を描いて落下します。
> また、衝突した爆弾は爆発し、Cubeの色を変えます。

同様にテキストボックス「LowerSideTextBox」の[テキスト]欄を空白にします。

（3）Cubeの位置変更：
下表のとおり、トランスフォームの値を変更します。
《Unityエディター》→【ヒエラルキー】→[Cube]→【インスペクター】→[トランスフォー

ム]→下表のとおり変更します。

トランスフォーム	Cube					
位置	X	-10	Y	5	Z	20
回転	X	0	Y	0	Z	0
拡大/縮小	X	15	Y	1	Z	15

（4）スクリプトファイル作成及びVisual Studioの起動：【プロジェクト】内のフォルダー「¥Assets¥Scripts」を開いてから、そのフォルダー内にスクリプトファイルを新規作成し、名前を「ExAddForce」とします。そして、このスクリプトを選択し、Visual Studioを起動します。★1.3.1【A】

（5）サンプルスクリプトの作成：クラスの継承を使って、爆弾に力を加え発射するスクリプトを作成しましょう。

●サンプルスクリプト　ExAddForce（継承版）

```
01  #pragma warning disable CS0649
02  using System;
03  using UnityEngine;
04
05  namespace CSharpTextbook
06  {
07      class Launcher
08      {
09          public GameObject LaunchObject { get; set; }
10          public Vector3 Position { get; set; }
11          public float LaunchAngle { get; set; }
12
13          public void SetPosition(Vector3 pos, float angle)
14          {
15              Position = pos;
16              LaunchAngle = angle;
17          }
18      }
19
20      class BombLauncher : Launcher
21      {
22          public float Force { get; set; }
23
24          public void Launch()
25          {
26              LaunchObject.transform.position = Position;
27              var y = (float)(Math.Sin(LaunchAngle * Math.PI / 180.0));
```

```
28      var z = (float)(Math.Cos(LaunchAngle * Math.PI / 180.0));
29      var unitVector = new Vector3(0.0f, y, z);
30      var rby = LaunchObject.GetComponent<Rigidbody>();
31      rby.AddForce(unitVector * Force, ForceMode.Impulse);
32    }
33  }
34
35  public class ExAddForce : MonoBehaviour
36  {
37    [SerializeField] private GameObject bombPrefab;
38    private BombLauncher bombLauncher;
39    private double timer = 0.0;
40
41    void Start()
42    {
43      bombLauncher = new BombLauncher();
44      var bombPosition = new Vector3(-10.0f, 1.0f, -5.0f);
45      var bombLaunchAngle = 45.0f;
46      bombLauncher.SetPosition(bombPosition, bombLaunchAngle);
47      bombLauncher.Force = 15.0f;
48    }
49
50    void Update()
51    {
52      timer -= Time.deltaTime;
53      if (timer > 0.0) return;
54
55      bombLauncher.LaunchObject = Instantiate(bombPrefab);
56      bombLauncher.Launch();
57
58      var settingTime = 3.0;
59      timer = settingTime;
60    }
61  }
62 }
```

(6) スクリプトの解説

（a）7～18行目：発射のための基底クラスです。プロパティ LaunchObject（ゲームオブジェクト）、Position（発射位置）、LaunchAngle（発射角度）を定義します。★6.13

（b）13～17行目：発射位置と発射角度を設定するメソッドです。

（c）20～33行目：爆弾を発射するための派生クラスで、基底クラスLauncherを継承します。プロパティForceとメソッドLaunchを定義します。★6.13

（d）24～29行目：爆弾を発射するメソッドです。まず、発射位置を設定します。そして変数y、zに各軸方向の単位ベクトルの値を求め、単位ベクトルを格納する変数unitVectorに値を設定します。★12.3.1

（e）30～31行目：変数rbyにリジッドボディを得て、AddForce命令で力を加えます。ForceModeはImpulseを指定します。★12.3.1

（f）37行目：プレハブ化した爆弾を格納するためのフィールドbombPrefabを宣言します。

（g）38行目：ここでは変数bombLauncherを宣言のみとし、メソッドStartにてインスタンス化します。

（h）41～48行目：クラスBombLauncherをインスタンス化します。そして、その発射位置、発射角度をメソッドSetPositionで設定します。また、発射の力Forceの値も設定します。

（i）50～60行目：メソッドUpdateでタイマーを管理し、タイマー設定時間を過ぎたら爆弾を発射します。

（j）55～56行目：タイマーの設定時間が過ぎたら、爆弾を発射します。まず、Instantiate命令でプレハブを複製し、そのアドレスをプロパティLaunchObjectに代入します。そしてメソッドLaunchで爆弾を発射します。

（7）スクリプトファイルの上書き保存：スクリプトファイル「ExAddForce」を上書き保存します。★1.3.3(4)

（8）アタッチ：ゲームオブジェクト「Launchpad」にアタッチされているスクリプト「ExCreatBombs」を削除し、代わりにスクリプト「ExAddForce」をアタッチします。★2.4.1

（9）フィールドとプレハブとの関連付け：フィールド[bombPrefab]をプレハブ[BombPrefab3]に関連付けます。★9.8.3(9)

（１０）シーンの保存及び実行：シーン「SceneAddForce」を上書き保存してから実行します。★1.1.2【C】, 2.4.2(1)

　3秒間隔で爆弾が発射され、放物線を描いて落下します。衝突すると爆発し、Cubeの色を変えます。

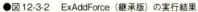

●図12-3-2　ExAddForce（継承版）の実行結果

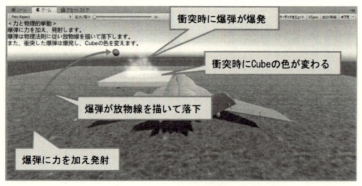

[実験12-3(1)] 継承

スクリプトに次の変更を加え、上書き保存後、実行します。その結果をよく観察し考察してみましょう。考察後はUnityエディターの【コンソール】の[消去]ボタンでエラーメッセージや警告をクリアします。また、Visual Studioのテキストエディターで Ctrl ＋ Z キーを押し、元のスクリプトに戻します。

(1) 継承のミス：20行目　継承する基底クラスLauncherを削除

```
20 class BombLauncher : Launcher
```

↓

```
20 class BombLauncher        ※継承部分を削除
```

◎着目点：エラーメッセージに表示されたプロパティ、メソッドはどのクラスのメンバーですか。

(2) スクリプトファイルの上書き保存：実験で変更したものをすべて元に戻して、スクリプトファイル「ExAddForce」を上書き保存します。★1.3.3(4)
※再度スクリプトが正しく動作することを確認してください。

▶▶▶ C#編演習6-3として上記を行った場合は、C#編6.14へ進んでください。

12.3.3　サンプルスクリプトExAddForce（ポリモーフィズム版）

(1) シーンを開く：Unity編12.3.2で作成したシーン「SceneAddForce」を開きます。★1.1.2【C】
(2) テキストボックスの変更：次のとおり、テキストボックス「UpperSideTextBox」を変更します。★8.1.5(2)

> ＜力と物理的挙動＞
> 爆弾に力を加え、発射します。
> 爆弾は物理法則に従い放物線を描いて落下します。
> また、衝突した爆弾は爆発し、Cubeの色を変えます。
> さらに飛行機が発進・飛行します。

同様にテキストボックス「LowerSideTextBox」の[テキスト]欄を空白にします。
(3) スクリプトファイルの選択及びVisual Studioの起動：Unity編12.3.2で使用したスクリプトファイル「ExAddForce」を選択し、Visual Studioを起動します。★1.3.1【A】
(4) サンプルスクリプトの作成：ポリモーフィズムを使い、爆弾と飛行機を発射するスクリプトを作成しましょう。文の前に◆印があるものを追加、あるいは修正してください。

●サンプルスクリプト　ExAddForce（ポリモーフィズム版、7〜93行目）

```
     （前略）
07   class Launcher
08   {
       （中略）
13     public void SetPosition(Vector3 pos, float angle)
14     {
         （中略）
17     }
18
19     public virtual void Launch() { }
20   }
21
22   class BombLauncher : Launcher
23   {
24     public float Force { get; set; }
25
26     public override void Launch()
27     {
         （中略）
34     }
35   }
36
37   class AircraftLauncher : Launcher
38   {
39     public float Velocity { get; set; }
40
41     public new void SetPosition(Vector3 pos, float angle)
42     {
43       Position = pos;
44       LaunchAngle = angle;
45       LaunchObject.transform.position = Position;
46       LaunchObject.transform.eulerAngles
     >>>   = new Vector3(-LaunchAngle, 0.0f, 0.0f);
47     }
48
49     public override void Launch()
50     {
51       LaunchObject.transform.Translate(0.0f,
     >>>   0.0f, Velocity * Time.deltaTime);
52     }
```

```
53  ◆    }
54
55       public class ExAddForce : MonoBehaviour
56       {
57         [SerializeField] private GameObject bombPrefab;
58  ◆     [SerializeField] private GameObject aircraftObject;
59         private BombLauncher bombLauncher;
60  ◆     private AircraftLauncher aircraftLauncher;
61         private double timer = 0.0;
62
63         void Start()
64         {
65           bombLauncher = new BombLauncher();
             (中略)
69           bombLauncher.Force = 15.0f;
70
71  ◆       aircraftLauncher = new AircraftLauncher();
72  ◆       aircraftLauncher.LaunchObject = aircraftObject;
73  ◆       var aircraftPosition = new Vector3(5.0f, 0.0f, 0.0f);
74  ◆       var aircraftLaunchAngle = 10.0f;
75  ◆       aircraftLauncher.SetPosition
             >>>  (aircraftPosition, aircraftLaunchAngle);
76  ◆       aircraftLauncher.Velocity = 3.0f;
77         }
78
79         void Update()
80         {
81  ◆       aircraftLauncher.Launch();
82
83           timer -= Time.deltaTime;
           (中略)
91         }
92       }
93     }
```

(5) サンプルスクリプトの解説：

（a）19行目：基底クラスLauncherに仮想メソッドLauchを定義します。★6.14.1

（b）26行目：派生クラスBombLauncherのメソッドLaunchに修飾子overrideを付加します。★6.14.1

（c）37～53行目：派生クラスAircraftLauncherを定義します。

（d）39行目：飛行機の速度を格納するプロパティVelocityを定義します。

（e）41～47行目：飛行機の最初の位置を設定するメソッドSetPositionです。これは修飾子newがついた隠蔽するメソッドです（★6.13.2）。パラメーターposとangleをプロパティに代入します。そして、プロパティPositionとLaunchAngleを使って飛行機の位置と向きを設定します。なお、発射角であるLaunchAngleはX軸回りの角度の正方向回りが逆であるためマイナス符号を付けます。

（f）49～52行目：修飾子overrideを付加した飛行機のLaunchメソッドを定義します。このLauchは爆弾と異なり、飛行機をtransform.Translate命令により移動させます。

（g）71～76行目：飛行機の初期位置、発射角度、飛行速度を設定します。

（h）81行目：Updateメソッドのブロック内で飛行機のLaunchを呼び出します。これにより描画のたびに前方へ移動します。

（6）スクリプトファイルの上書き保存及びアタッチ：スクリプトファイル「ExAddForce」を上書き保存します。このスクリプトはUnity編12.3.2にて既にゲームオブジェクト「Launchpad」にアタッチされていますが、そうでない場合はアタッチします。★2.4.1

（7）フィールドとプレハブとの関連付け：フィールド「bombPrefab」を「Assets」タブの「BombPrefab3」に関連付けます。★9.8.3(9)

（8）フィールドとゲームオブジェクトとの関連付け：フィールド「aircraftObject」を「シーン」タブの「Aircraft」に関連づけます。★9.8.3(9)

（9）シーンの保存及び実行：シーン「SceneAddForce」を上書き保存してから実行します。★1.1.2【C】．2.4.2(1)

3秒間隔で爆弾が発射され、衝突すると爆発し、Cubeの色を変えます。また、飛行機が発進・飛行していきます。

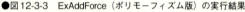

●図12-3-3　ExAddForce（ポリモーフィズム版）の実行結果

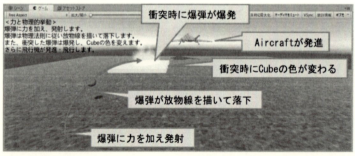

［実験12-3(2)］ポリモーフィズム

スクリプトに次の変更を加え、上書き保存後、実行します。その結果をよく観察し考察してみましょう。考察後はUnityエディターの【コンソール】の[消去]ボタンでエラーメッセージや警告をクリアします。また、Visual Studioのテキストエディターで Ctrl + Z キーを押し、元のスクリプトに戻します。

（1）virtual修飾子：19行目　virtualを削除

```
19 public virtual void Launch(){ }
```

↓

```
19 public void Launch(){ }    ※virtualを削除
```

◎着目点：エラーした場所はどこか。エラーメッセージ内容を文法的に確認しましょう。★6.14.1

(2) override修飾子：26行目　overrideを削除

```
26 public override void Launch()
```

↓

```
26 public void Launch()    ※overrideを削除
```

◎着目点：エラーした場所はどこか。エラーメッセージ内容を文法的に確認しましょう。★6.14.1

(3) new修飾子：41行目　newを削除

```
41 public new void SetPosition(Vector3 pos, float angle)
```

↓

```
41 public void SetPosition(Vector3 pos, float angle)    ※newを削除
```

◎着目点：エラーメッセージ内容を文法的に確認しましょう。※Visual Studioの警告メッセージにある「非表示」とはメソッドの隠蔽を意味しています。★6.13.2

(4) スクリプトファイルの上書き保存：実験で変更したものをすべて元に戻して、スクリプトファイル「ExAddForce」を上書き保存します。★1.3.3(4)
※再度スクリプトが正しく動作することを確認してください。

▶▶▶C#編演習6-4として上記を行った場合は、C#編6.14.2へ進んでください。

13

第13章　携帯端末アプリケーションの作成

13.1 ビルド設定

　Unityで作成したスクリプトをパソコンだけでなく、携帯端末（スマートフォンやタブレット）でも動かしてみましょう。なお、ここではWindowsパソコン、Android携帯端末を使用した例を紹介します。

　スクリプト（ソースコード）を携帯端末などでも実行可能なプログラムに変換することを**ビルド**といいます。

（1） ビルド用ソフトウェアの確認：次の操作を行い、Android OSタイプをビルドするためのソフトウェアがインストールされているか確認します。
　≪Unityエディター≫ → 【メニューバー】 → [編集] → [環境設定] → [外部ツール] → [Android]パネルにAndroid SDK & NDKなどがインストールされているか確認します。

●図13-1-1　Android関連ソフトウェア

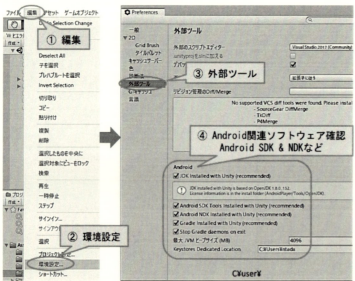

　もし、Android SDK & NDKなどが表示されない場合は次の操作を行います。
　　・いったんUnityエディターを終了し、Unity Hubを起動します。
　　・C#編1.1.1【B】(7)及び(4)を参照し、「モジュールを加える」を選択し、「Android Build Support」、「Android SDK & NDK Tools」を追加します。
（2） シーンを開く：ビルドしたいシーンを開きます。ここでは、Unity編10.3.3で使用したシーン「ScenePointer」を使います。このシーンを開いてください。

（3）動作の確認：実行し、スクリプト「ExPointer」が正しく動作することを確認してください。

（4）ビルド対象のシーン追加：【メニューバー】→ [ファイル] → [ビルド設定] → ダイアログボックス[Build Settings] → [シーンを追加] → シーン「ScenePointer」が追加されます。

●図13-1-2　ビルド対象のシーンの追加

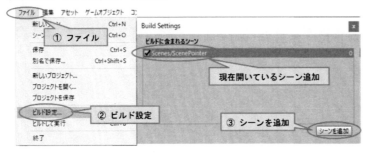

（5）プラットフォーム変更：(前の作業の続き) → [プラットフォーム]=Android → [Switch Platform] → プラットフォームがAndroidに変更されます。

●図13-1-3　プラットフォームの変更

（6）アプリケーション名設定：(前の作業の続き) → [プレイヤー設定] → ダイアログボックス[Player] → [企業名]=ここでは「CSharpTextbook」とします。→ [プロダクト名]=ここでは「PointerApp」とします。これがAndroid端末で表示されるアプリ名となります。→ [その他の設定] → [パッケージ名]=com.企業名.プロダクト名（ここでは「com.CSharpTextbook.PointerApp」とします。）

第13章　携帯端末アプリケーションの作成　313

●図13-1-4　アプリケーション名設定

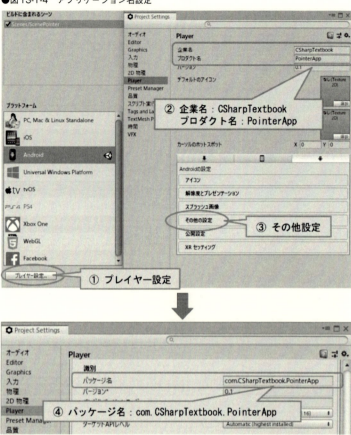

13.2　Android端末の設定

パソコンからのアプリの転送をAndroid端末側で受け入れられるように、次の設定を行います。

（1） 開発者向けオプション設定：[Android端末のホーム画面] → [設定（歯車アイコン）] → [設定] → [端末情報] → [ソフトウェア情報] → [ビルド番号]を7回連続タップ → 開発者向けオプション利用可能 → [設定] → [開発者向けオプション] =オン → [USBデバッグ]=オン → ダイアログボックス「USBデバッグを許可しますか？」→ [OK]

●図13-2-1　Android端末の設定

（2） Android端末接続：Android端末とPCをUSBで接続 → 「USBをファイル転送に使用しますか？」→ [はい]

第13章　携帯端末アプリケーションの作成　315

13.3 ビルド・実行

Unityエディターで作成したシーンをビルドし、実行してみましょう。

（1）フォルダー作成：アプリケーションの実行プログラムを保存するためにフォルダーを作成します。ここではプロジェクト「CSharpTextbook」と同じフォルダー内に新規フォルダー「App」を作成します。
c:¥User¥・・・¥UnityProjects¥CSharpTextbook¥App
（2）ビルド・実行：

【メニューバー】→［ファイル］→［ビルト設定］→［Build Settings］ダイアログ→［ビルドして実行］→ 実行プログラムの保存先を指定するダイアログ → 保存フォルダー（ここでは¥UnityProjects¥CSharpTextbook¥App）を指定 → 保存名（ここではPointerApp.apk）→ ビルド（多少時間がかかります。）→ ビルドに成功すると【コンソール】ウインドウに「Build completed with a result of 'Succeeded'」と表示されます。→ 同時に実行プログラムは接続しているAndroid端末にインストールされ、実行されます。また、アプリ一覧にPointerAppのアイコンも登録されています。再度実行する場合はこのアイコンをタップします。

●図13-3-1　ビルド

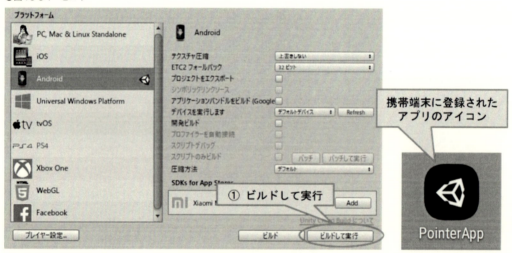

（3）アプリ操作：まず、Aircraft以外の場所（地面部分）に指を置き、それをスライドさせてAircraftの上に移動すると前進します。タップすると自転（向き変更）し、スワイプするとポインターに追従して上下左右にAircraftが移動します。

●図13-3-2　携帯端末で動作するアプリケーション

※なお、ここで使用したAndroidタブレットは「ASUS ZenPad 3S 10 Z500M-SL32S4（Android ver.7.0）」です。

著者紹介

多田 憲孝（ただ のりたか）

新潟工業短期大学教授、大阪国際大学教授を経て、現在プログラミングスクール「Wonder-Processor」代表。大阪国際大学名誉教授。1972年よりFortran言語でプログラミングを始める。振動解析、エキスパートシステム、スポーツ工学分野の運動解析などの研究に従事。スキーの回転運動の数値解析を基に、VRを利用したスキーシミュレーターやARを利用したスキー指導システムを開発。大学では、情報関連の講義及び演習を担当。以前はOpenGLを使ってCGプログラミングをしていたが、その後Unityが登場したため、卒業研究のシステム開発環境にUnityを採用し、研究指導に注力した。現在、著者が代表を務めるプログラミングスクールにおいても、Unity及びC#プログラミング教育を主たるカリキュラムとしている。主な著書に、「コンピュータ・アルゴリズム入門」（日本理工出版会）、「アルゴリズム設計の基礎」（日本理工出版会）、「コンピューターと情報システム」（日本理工出版会）などがある。

◎本書スタッフ
アートディレクター/装丁：岡田 章志＋GY
編集：向井 領治
デジタル編集：栗原 翔

●お断り
掲載したURLは2019年9月13日現在のものです。サイトの都合で変更されることがあります。また、電子版ではURLにハイパーリンクを設定していますが、端末やビューアー、リンク先のファイルタイプによっては表示されないことがあります。あらかじめご了承ください。

●本書の内容についてのお問い合わせ先
株式会社インプレスR&D　メール窓口
np-info@impress.co.jp
件名に「『本書名』問い合わせ係」と明記してお送りください。
電話やFAX、郵便でのご質問にはお答えできません。返信までには、しばらくお時間をいただく場合があります。
なお、本書の範囲を超えるご質問にはお答えしかねますので、あらかじめご了承ください。
また、本書の内容についてはNextPublishingオフィシャルWebサイトにて情報を公開しております。
https://nextpublishing.jp/

●落丁・乱丁本はお手数ですが、インプレスカスタマーセンターまでお送りください。送料弊社負担 にてお取り替えさせていただきます。但し、古書店で購入されたものについてはお取り替えできません。
■読者の窓口
インプレスカスタマーセンター
〒101-0051
東京都千代田区神田神保町一丁目105番地
TEL 03-6837-5016／FAX 03-6837-5023
info@impress.co.jp
■書店／販売店のご注文窓口
株式会社インプレス受注センター
TEL 048-449-8040／FAX 048-449-8041

OnDeck Books

日本語版Unity 2019
C#プログラミング入門

2019年9月27日　初版発行Ver.1.0（PDF版）

著　者　　多田 憲孝
編集人　　桜井 徹
発行人　　井芹 昌信
発　行　　株式会社インプレスR&D
　　　　　〒101-0051
　　　　　東京都千代田区神田神保町一丁目105番地
　　　　　https://nextpublishing.jp/
発　売　　株式会社インプレス
　　　　　〒101-0051　東京都千代田区神田神保町一丁目105番地

●本書は著作権法上の保護を受けています。本書の一部あるいは全部について株式会社インプレスR&Dから文書による許諾を得ずに、いかなる方法においても無断で複写、複製することは禁じられています。

©2019 Tada Noritaka. All rights reserved.
印刷・製本　京葉流通倉庫株式会社
Printed in Japan

ISBN978-4-8443-7827-3

NextPublishing®

●本書はNextPublishingメソッドによって発行されています。
NextPublishingメソッドは株式会社インプレスR&Dが開発した、電子書籍と印刷書籍を同時発行できるデジタルファースト型の新出版方式です。https://nextpublishing.jp/